屋口正一 *Syouichi Yaguchi*

橘花は翔んだ

国産初のジェット機生産

元就出版社

橘花一号機　　提供・松本俊彦氏

橘花一号機　　提供・角 信郎氏

ネ-20エンジン　　掲載許可・国図逐第5-4-210号

THE UNITED STATES STRATEGIC BOMBING SURVEY
THE JAPANESE AIRCRAFT INDUSTRY

大元帥陛下行幸記念碑
昭和13年8月11日、昭和天皇は海軍航空廠へ行幸、作業の実況を天覧された。原五郎廠長の撰文で、「其ノ日旭光特ニ麗ラカナリキ」と刻まれている。一技廠庁舎の斜め前に建つ。

旧第一海軍技術廠庁舎

高岡 迪少佐
霞ヶ浦海軍航空隊の教官時代
昭和12年・当時中尉／提供・志賀淑雄氏)

種子島時休大佐
(昭和18年、空技廠部員時代)

日本断ジテ敗レズ
旧木更津基地掩体壕に今も残る

角 信郎大尉

「中島知久平之像」
中島知久平翁生誕百年記念顕彰事業推進委員会が、
昭和59年10月に郷里尾島町役場前に建立したもの。

旧中島飛行機小泉製作所正門

昭和四年五月三日

群馬縣新田郡太田町
中島飛行機製作所
所長　中島知久平

海軍大臣　岡田啓介殿

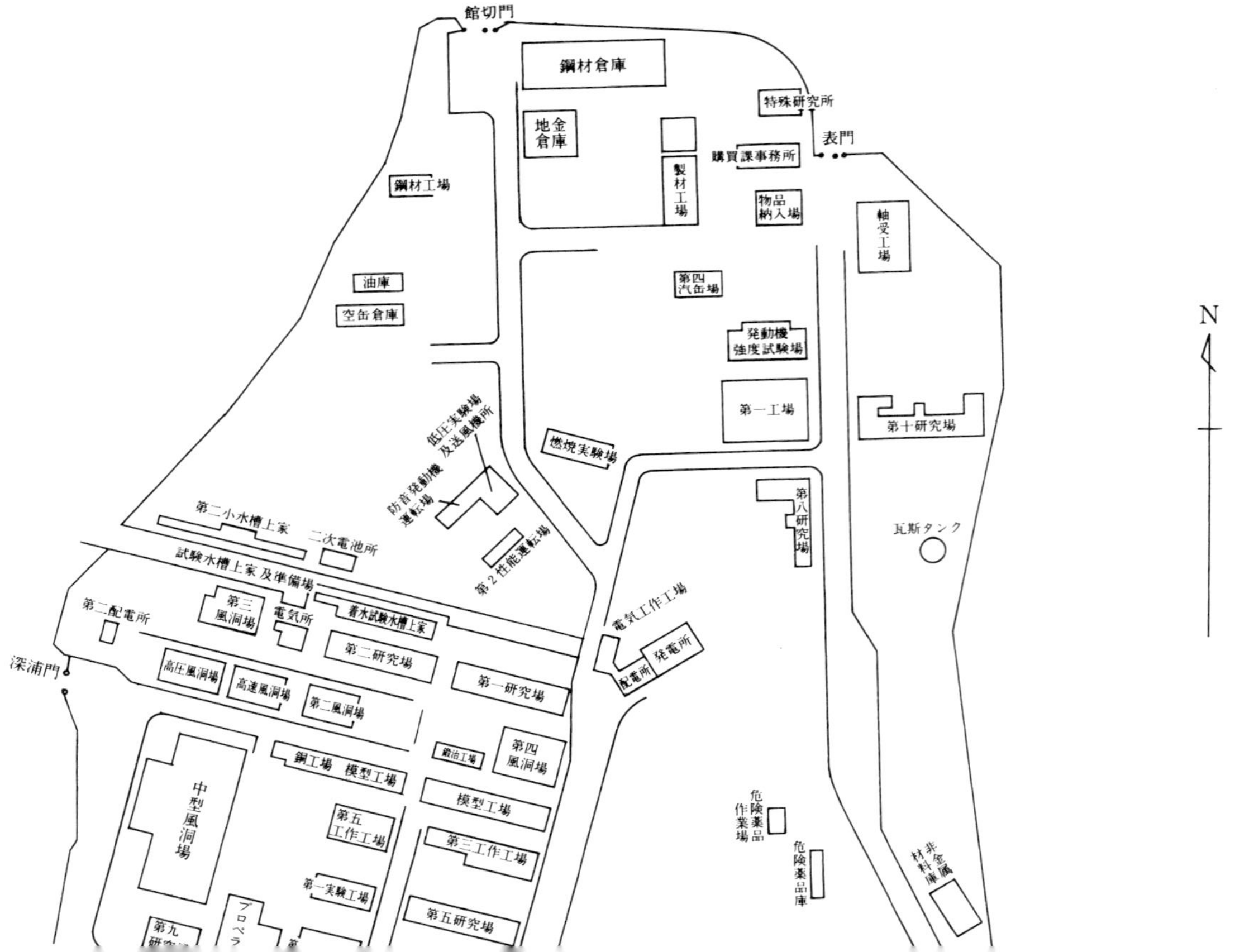

館切門
鋼材倉庫
特殊研究所
地金倉庫
表門
購買課事務所
製材工場
鋼材工場
物品納入場
軸受工場
油庫
空缶倉庫
第四汽缶場
発動機強度試験場
第一工場
第十研究場
低圧実験場及送風機所
燃焼実験場
防音発動機運転場
第二小水槽上家
二次電池所
瓦斯タンク
試験水槽上家及準備場
第2性能運転場
第八研究場
電気工作工場
第二配電所
第三風洞場
電気所
着水試験水槽上家
第二研究場
配電所
発電所
深浦門
高圧風洞場
高速風洞場
第二風洞場
第一研究場
鍛冶工場
第四風洞場
鋼工場
模型工場
中型風洞場
模型工場
危険薬品作業場
第五工作工場
第三工作工場
危険薬品庫
非金属材料庫
第一実験工場
第五研究場
N

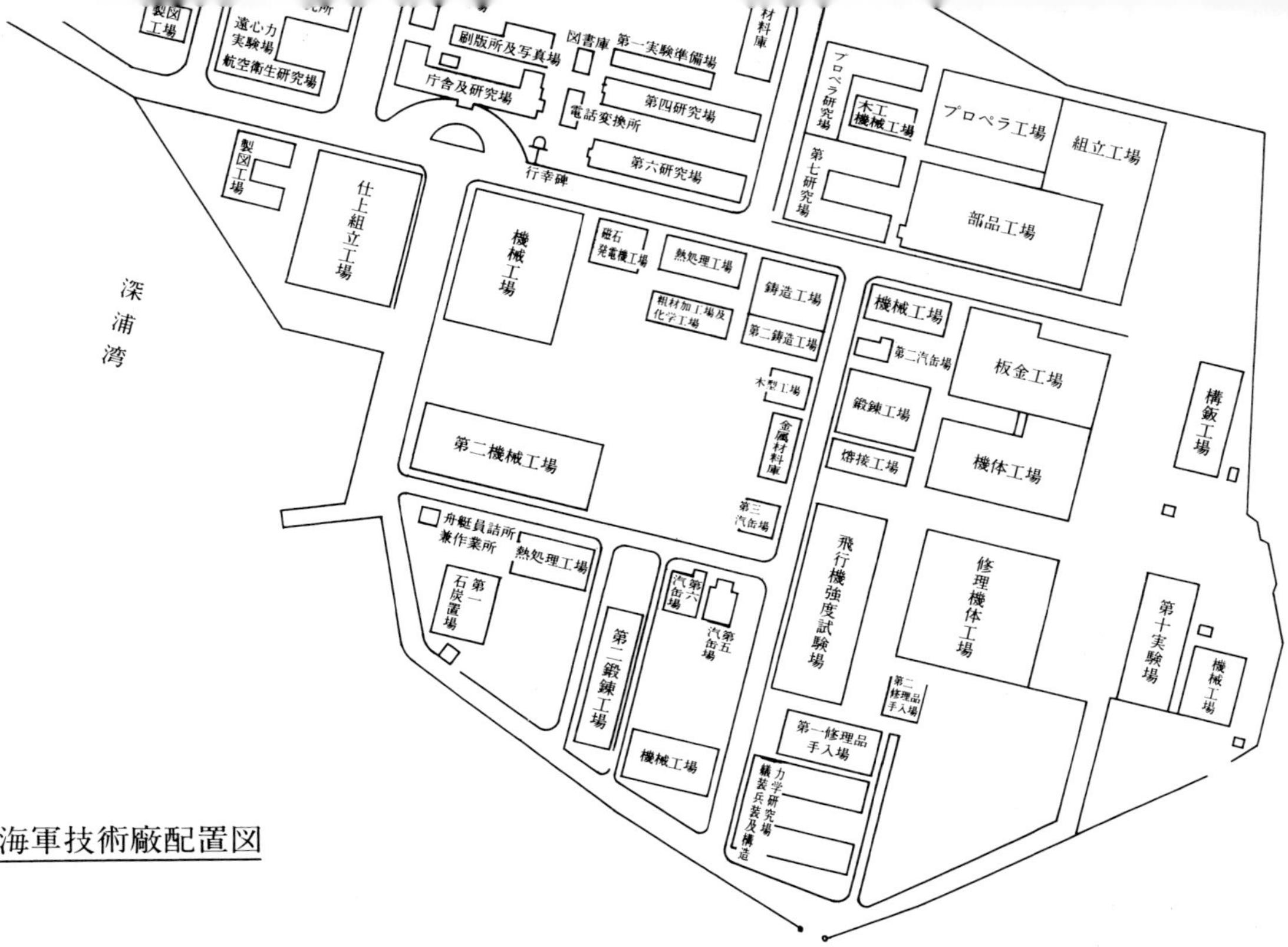
深浦湾
製図工場
遠心力実験場
航空衛生研究場
刷版所及写真場
庁舎及研究場
図書庫
第一実験準備場
第四研究場
電話変換所
第六研究場
行幸碑
材料庫
製図工場
仕上組立工場
機械工場
磁石発電機工場
熱処理工場
粗材加工場及化学工場
鋳造工場
第二鋳造工場
木型工場
金属材料庫
第三汽缶場
第二機械工場
舟艇員詰所兼作業所
熱処理工場
第一石炭置場
第二鍛錬工場
第六汽缶場
第五汽缶場
機械工場
プロペラ研究場
木工機械工場
プロペラ工場
組立工場
第七研究場
部品工場
機械工場
第二汽缶場
板金工場
鍛錬工場
熔接工場
機体工場
構鈑工場
飛行機強度試験場
修理機体工場
第二修理品手入場
第一修理品手入場
力学研究場
艤装兵装及構造
第十実験場
機械工場

第一海軍技術廠配置図

1	高圧油ポンプ取付台	13	低圧調圧弁	25	送風機静翼環	37	タービン軸後部ころ軸受	49	噴射弁
2	高圧油ポンプ伝動軸	14	推力軸受	26	案内翼	38	翼車翼	50	点火栓
3	SKW回転起動機	15	補機室	27	吊下金具	39	タービン動翼	51	タービン冷却用空気管
4	補機伝動室	16	燃料ポンプ	28	平衡ピストン	40	排油ポンプ	52	
5	補機伝動軸	17	送油接手	29	軸受蓋	41		53	
6	補機送力管	18	起動用クラッチ	30		42	噴射管	54	ロケット室
7	補機取付台	19		31		43	燃焼室本体	55	推力調整筒
8	排油濾網	20		32	排気外筒	44	燃焼室外筒		
9	油ポンプ	21	主軸	33	排油濾網	45	二次空気通路		
10	回転計接手	22	上部導気道	34	本体	46	二次空気吹込口		
11	高圧調圧弁	23	下部導気道	35	タービン前部軸受	47	タービン冷却用空気管		
12	給油濾器	24	送風機動翼	36	翼車軸	48	タービンノズル		

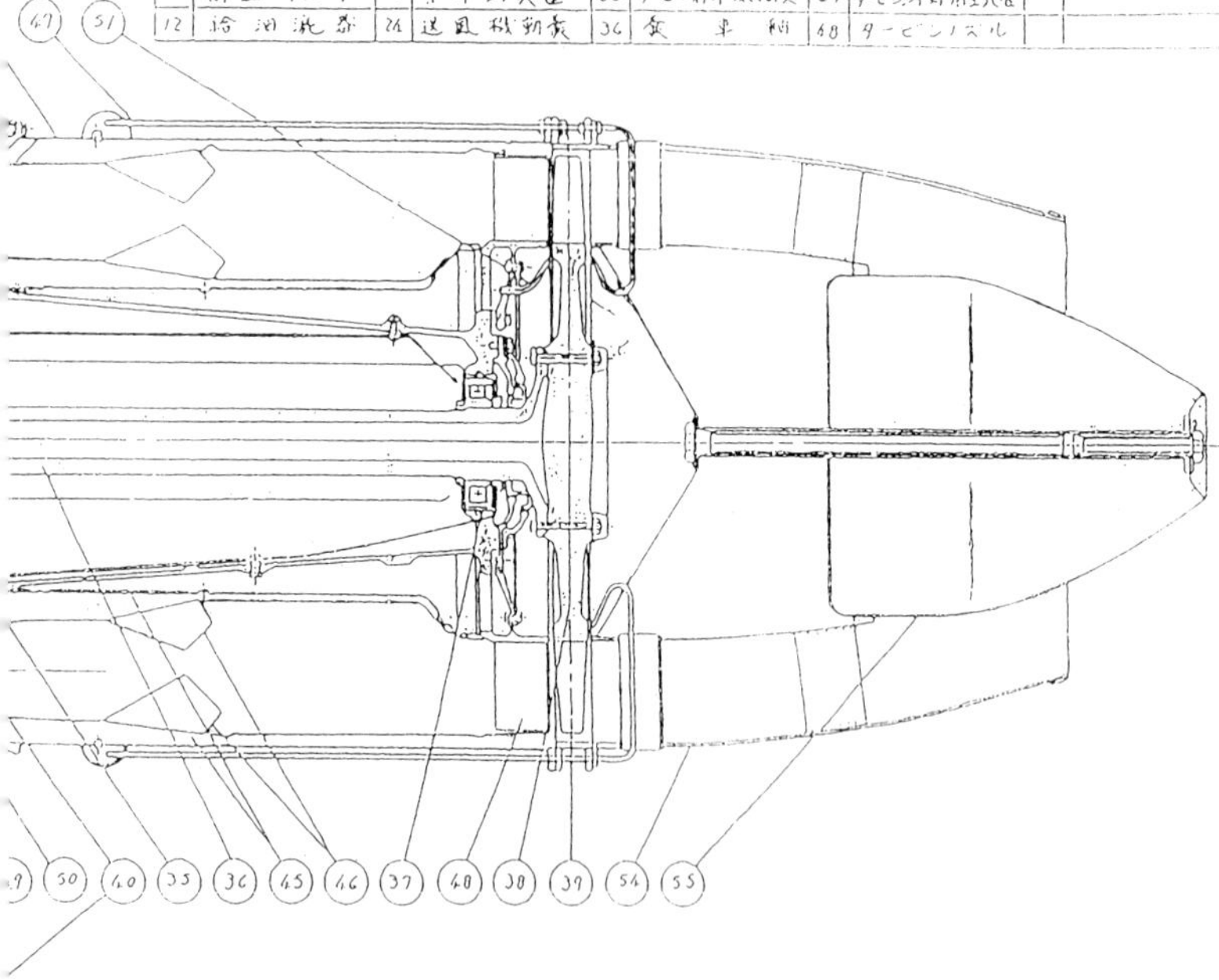

系列機名称	ネ20		
材料		尺度	
名称	概略全体図		
番号	2005		
符号	箇所	改訂記事	年月日

第一海軍技術廠噴進部

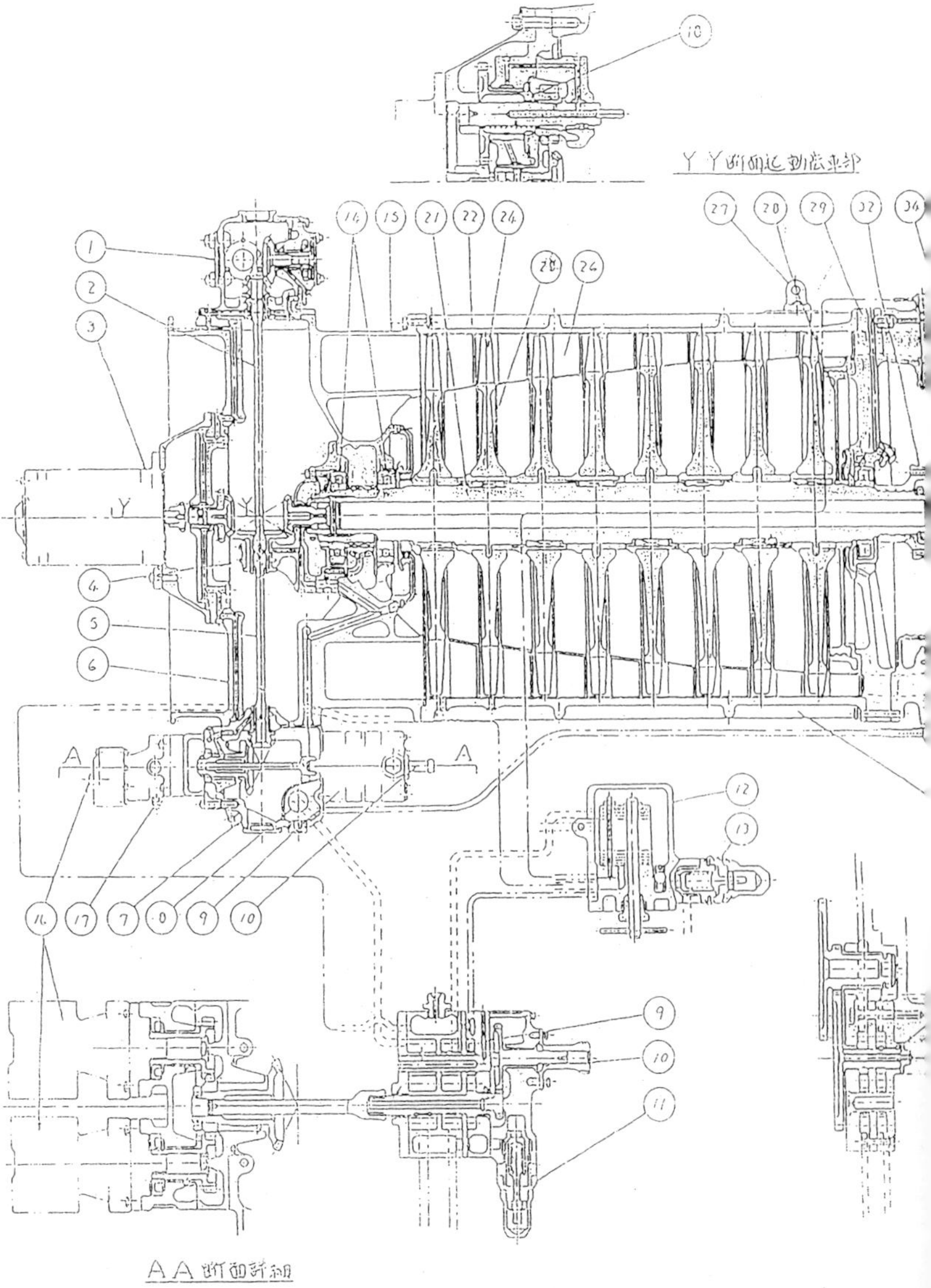

原動機「ネ20」全体図

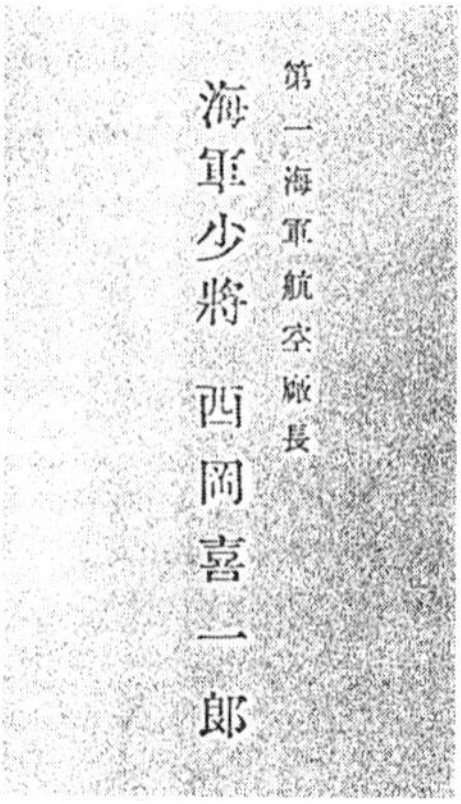

第一海軍航空廠長
海軍少将 西岡喜一郎

終戦時の西岡廠長

占領軍管理下の旧一空廠庁舎と正門（昭和24年撮影）
コンクリート塀には機銃弾痕が残り門扉右側には“NOTICE”の布告文が掛かってる

第一海軍航空廠々歌

一、翼々　お丶天かくる翼
黎明の空遠く　清き富士の心もて
我等作りし強き翼　雄々しくぞ祖国の空を守る
我等いよいよ協力団結を　お丶第一第一航空廠

二、翼々　お丶天かくる翼
理想は常に高く　遠き父祖の血潮つぎ
我等作りし猛き翼　雄々しくぞ亜細亜の空を飛ぶ
我等いよいよ熱と技をこそ　お丶輝し第一第一航空廠

三、翼々　お丶天かくる翼
水清き常陸野の　緑かゞやくところ
我等作りし大き翼　雄々しくぞ世界の空を鎮ん
我等いよいよ心たけくこそ　お丶第一第一航空廠

藤原技術大尉

眞乗坊技術大尉

宇都野技術大尉

国思隊幹部　　提供・柳田（現・田中）清一郎氏
前列左より小見山技術学生、柳田隊長、山本技術中尉、若尾技術少尉

国思隊　　柳田隊長（中央）、山本技術中尉（左）
若尾技術少尉（右）と国思隊員　　提供・大森禎子さん

防人隊幹部他　　提供・北出俊彦氏
前列左より滝本技術学生、細井技術大尉、塚本技術中尉、北出技術少尉

誠心隊長
山口技術中尉

鉄心隊　　提供・登坂三夫氏
前列右から4人目が矢田部隊長と左から3人目が鈴木組長、そして組員

於・学士会館、平成２年11月25日

祝宴たけなわ

橘花のテストパイロット・高岡迪氏に花束を贈呈

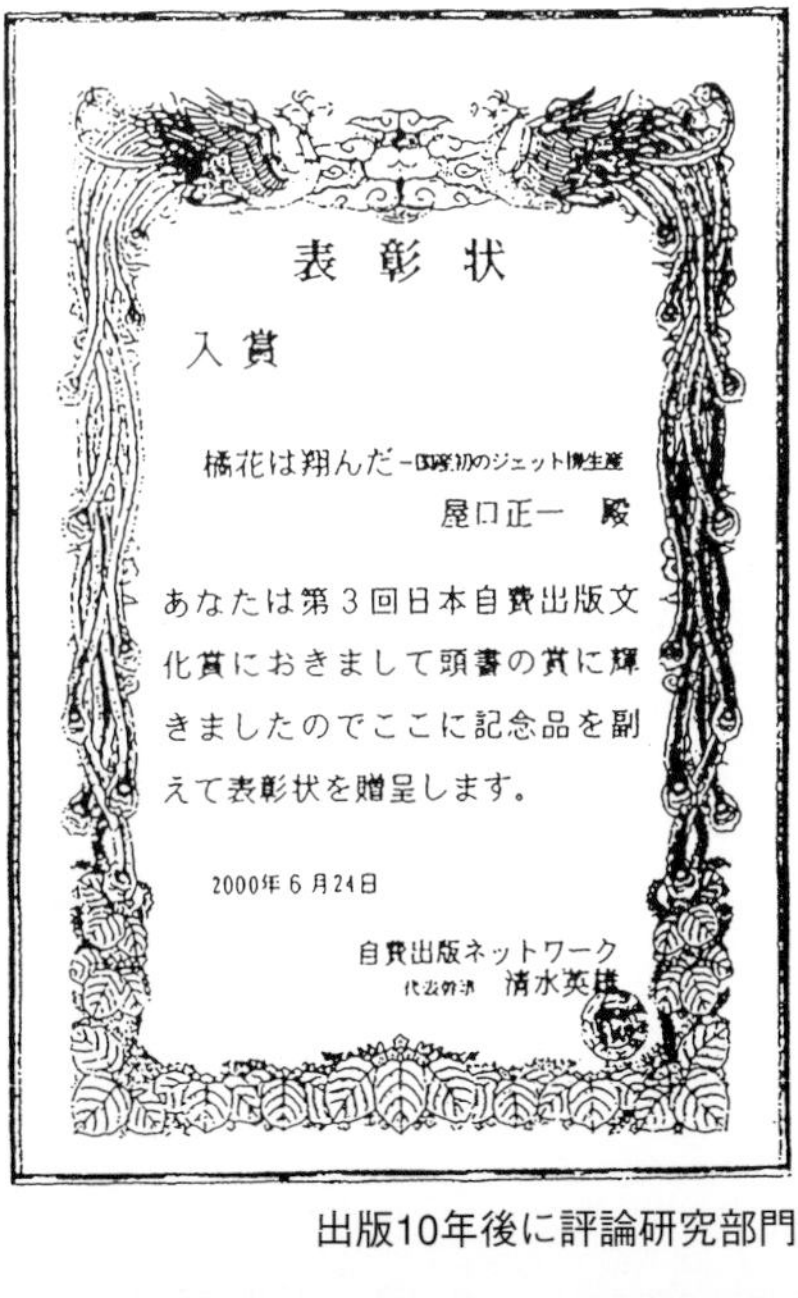

表彰状

入賞

橘花は翔んだ―国産初のジェット機生産

屋口正一　殿

あなたは第３回日本自費出版文化賞におきまして頭書の賞に輝きましたのでここに記念品を副えて表彰状を贈呈します。

2000年６月24日

自費出版ネットワーク
代表幹事　清水英雄

御出席者芳名簿

「橘花は翔んだ」出版記念会
於 学士会館・平成２年11月25日

出版10年後に評論研究部門で受賞。ご芳名は次頁の通り

『橘花は翔んだ』（初版）出版記念会
御出席者ご芳名

青塚伍助　栗山廣　中村衛
飯本克助　小堀猛　南条一
壹岐春記　絹川洽太　西岡茂
池田正勝　榊原雅雄　羽鳥忠男
岩崎俊雄　佐伯信博　廣瀬和喜
井坂佳弘　眞乗坊隆　廣瀬秀雄
石橋俊博　杉山文郎　福田周也
市毛久貴　芹沢良夫　藤原成一
宇都野弦　曽根晃平　古内緑
宇月裕夫　高岡迪　幕内章
大久保寿　高梨三郎　松田正男
大崎保　滝澤桂子　松本俊彦
大森禎子　田中清一郎　宮地哲夫
小島薫　（柳田）　六崎敏光
角信郎　千葉まち　矢野豊正
川西耕八　鶴田重郎　若尾憲夫
（山口）　冨六合雄
栗山新一　永井洋光

（五十音順敬称略）

あゝ紅の血は燃ゆる

（学徒動員の歌）

作詩　野村俊夫
作曲　明本京静
歌　酒井弘
　　安西愛子

一、花も蕾の　若桜
五尺の生命　ひっさげて
国の大事に　殉ずるは
我等学徒の　面目ぞ
あゝ紅の　血は燃ゆる

二、後に続けと　兄の声
今こそ筆を　擲《なげう》ちて
勝利揺がぬ　生産に
勇み起ちたる　つわものぞ
あゝ紅の　血は燃ゆる

三、君は鍬《くわ》執れ　我は鎚《つち》
戦う道に　二つなし
国の使命を　遂ぐるこそ
我等学徒の　本分ぞ
あゝ紅の　血は燃ゆる

四、何をすさぶか　小夜嵐
神州男児　こゝにあり
決意ひとたび　火となりて
護る国土は　鉄壁ぞ
あゝ紅の　血は燃ゆる

軍需省選定

増補改訂版への自序

平成二年の春、幸薄いその生涯を描いた『橘花は翔んだ——国産初のジェット機生産』は稿を了えた。活字となって世に問うた時、季節は晩秋を迎えていた。

あれから一四年の間に幾つもの変化があった。橘花生産の舞台となった旧第一海軍航空廠の建物は、補給部格納庫六棟外を残すのみで、他は悉く姿を消した。そして何よりも出版記念会にご列席の多くの方々が、次々と世を去られた。その宴の宵には髙岡迪様はじめ、皆様すこぶるお元気で貴重なスピーチを頂戴したのに——。

大事な処を俗に〝心臓部〟と表現する。その心臓を私はあの後三度手術し九死に一生を得た。でも戦中世代は私を含めて、やがては死に絶えて了うであろう。その前に当時極限状態にあって猶、国家民族の為に職責を守った崇高な精神と努力の記録を残しておきたい。これ迄語られてない事実を埋没させてはならない——。その一念で私はこの一文を世に送った。今般補訂加筆する機会を得た事、そして新たな資料をご提供ご協力下さった方々に、改めて厚く感謝申上げる次第である。

平成一六年八月二〇日　（学徒動員解除の日）

まえがき

今、世界の空はまさしくジェット機時代である。四十数年前この日本で、その先駆をなした初のジェット機「橘花」は、国産技術で誕生し大空を翔けた。

同機の開発には昼夜を分かたず心血を注いだ人達がいた。設計陣、製造関係者、整備飛行担当者は物的時間的凡ゆる悪条件の克服に、その頭脳と技術を結集した。

この一大プロジェクトには幾百幾千の人々が関わった。とりわけ第一海軍航空廠では二十歳ソコソコの若き技術士官を中心に、遂に手造りで「橘花」の機体を造り上げた一団がいた。その蔭には指揮官の苦悩や学徒達の血がにじむ苦労の姿があった。

こうした真剣な努力の結晶、前人未到の成果快挙を知る人は地元

旧第一海軍航空廠・後の陸上自衛隊霞ヶ浦駐屯地庁舎

ですら極めて少ない。ここでは命を燃やした昭和二十年の日々に光を当てる。

その、栄光の「橘花」は敗戦のドサクサの最中、無残にもハンマーで叩き砕かれ、貴重な図面もまた夏の炎の中に消えていった。

あれから半世紀近い今日、はかなくも幸薄い「橘花」の生涯に、万感の思いを込めて私なりに鎮魂賦を贈らずには居られないのである。

平成二年三月七日　（学徒動員四十五周年の日）

橘花は翔んだ——目次

橘花《きっか》は翔んだ

——国産初のジェット機生産——

第一章　新鋭機を急げ

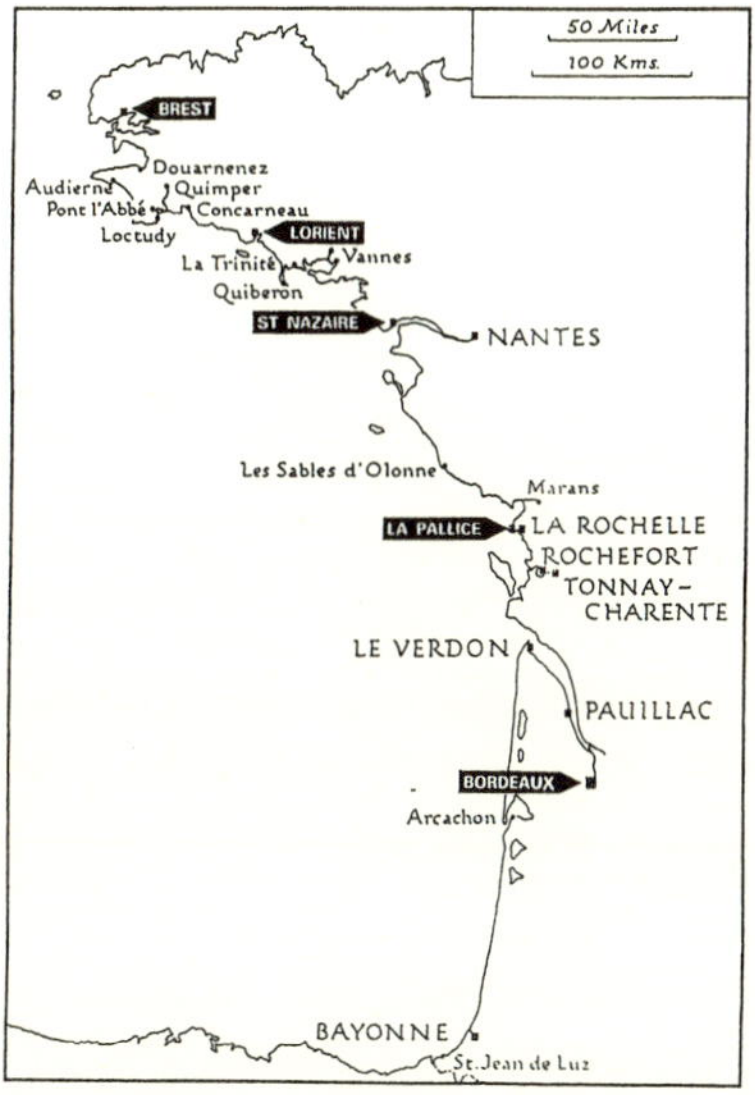

U-BOAT BASES IN FRANCE
AFTER THE BATTLE by Jean Paul Pallud

第一節　設計への経過

イ　伊号二九潜

夏時間の午後九時、北緯四八度の太陽は、まだビスケー湾の水平線よりも高かった。

ロリアン港ブンカー内に、ドイツ海軍軍楽隊が演奏する日独の軍艦マーチが響き渡った。伊号第二九潜水艦は曳船にひかれて、ゆっくりと岸壁を離れ始めた。甲板上には第一種軍装の乗組員が整列し、士官達は挙手の敬礼をドイツ側へ贈った。陸上には同じく短剣を吊ったドイツ海軍将星が日本側へ答礼し、政府関係者や見送りの在留邦人も手を振って、別れを惜しんだ。演奏が続く中に双方の間隔は次第に開いてゆく。

「両舷前進　ビソーク（微速）！」

艦橋から機関室へ号令は下り、艦は機関を始動した。紅紫色に暮れそめた夕凪の海上を護衛して来たドイツ掃海艇隊も、灯火信号を発して訣別した。伊二九潜は独り波濤渦巻く大西洋へと舳を向けた。

Muß i denn, muß i denn zum Städtele'naus

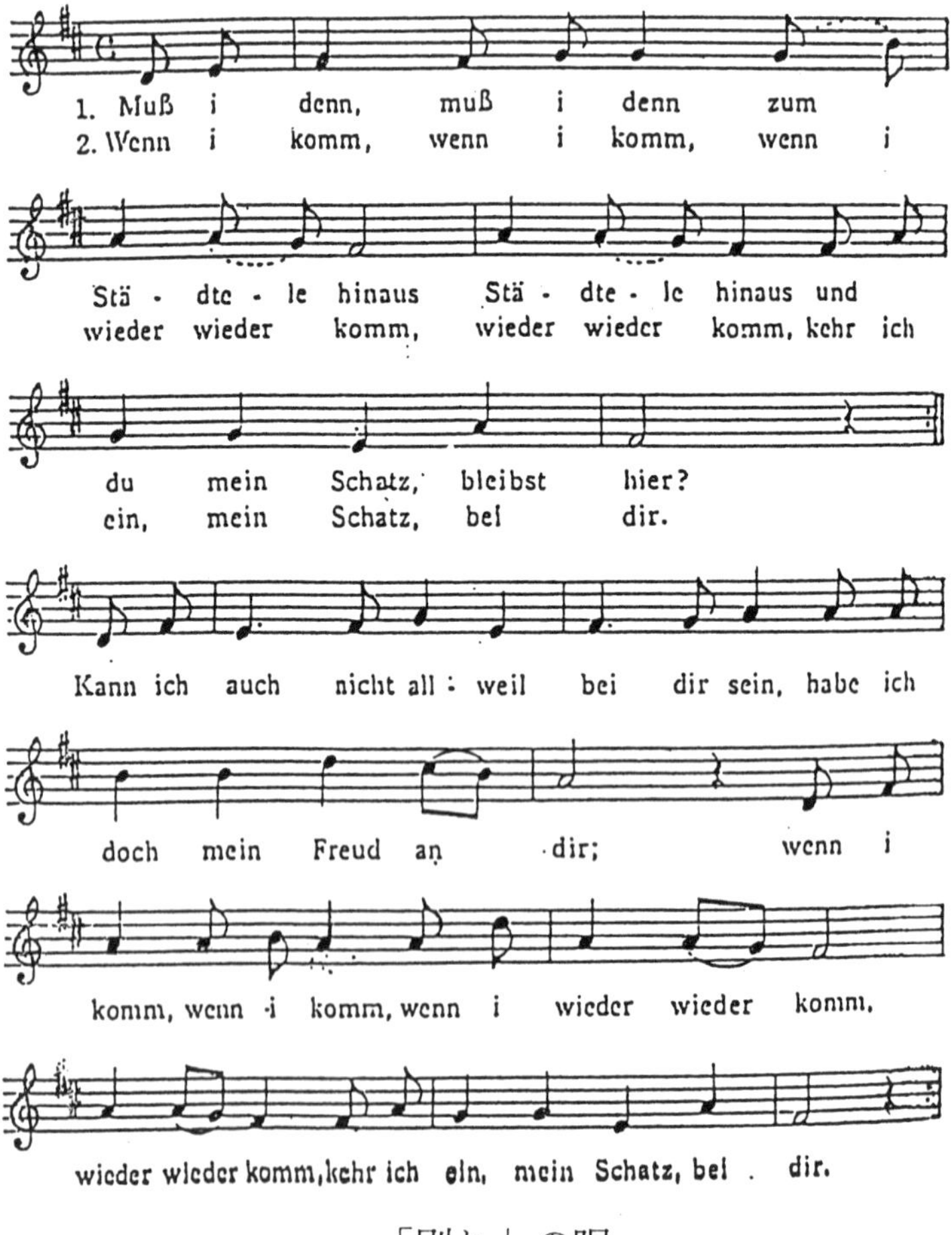
1. Muß i denn, muß i denn zum
2. Wenn i komm, wenn i komm, wenn i
Stä - dte - le hinaus Stä - dte - le hinaus und
wieder wieder komm, wieder wieder komm, kehr ich
du mein Schatz, bleibst hier?
ein, mein Schatz, bei dir.
Kann ich auch nicht all - weil bei dir sein, habe ich
doch mein Freud an dir;
wenn i komm, wenn i komm, wenn i wieder wieder komm,
wieder wieder komm, kehr ich ein, mein Schatz, bei dir.

「別れ」の唄

当時に於ける日独間の連絡方法は、海上船舶による手段が途絶し、空路計画も失敗し交流実現は絶望と見られるに至った。残された唯一の可能性は潜水艦を使った敵中潜航のみであった。帝国海軍潜水艦伊号第二九潜（艦長・木梨鷹一中佐、第八潜水戦隊所属）は、訪独第四番艦として昭和十八年十一月、勇躍内地を発った。途中寄港地シンガポール（昭南市）では、訪独の大任を果たして帰路入港の伊八潜艦長内野信二大佐と思わぬ再会をした。旧友から大航海体験の有益な情報を得た木梨艦長は、十二月十七日シ港を後にした。目的地であるフランス西海岸のロリアン港に着いたのは、翌十九年三月十一日の事であった。

西仏海岸の大西洋ビスケー湾にのぞむブレスト、そしてロリアン、サンナゼール、ラパリス、ボルドー港は、ドイツ海軍占領下のUボート基地であった。各港にはブンカーと呼ばれる超堅固なコンクリート製潜水艦格納整備施設が完備していた。ロリアンはその中でも最大規模で、乾ドックの設備を持ち優れた対空防禦構造を有した。

市街の中央を流れるスコーフ川の両岸は海軍工廠で、西側には三つのドックと造機部、大砲部があり、東岸には魚雷部がある。その見取図（『大戦中在独陸軍関係者の回想』（九三頁）の石毛省三氏「滞欧回顧」より）は次の通りであった。

伊二九潜（秘匿名「松」）は在独約一ケ月の間に、主要部には凡べて緩衝防音を施し、レーダー受信機を装備するなど整備を了えた。乗組員一同は迷彩網の下で記念撮影をし、出港前夜独海

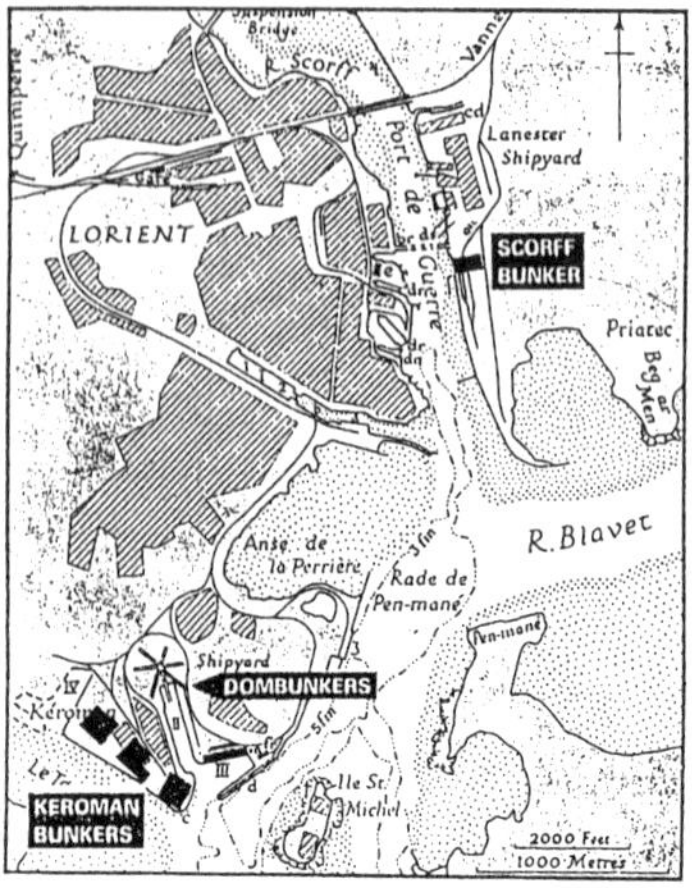

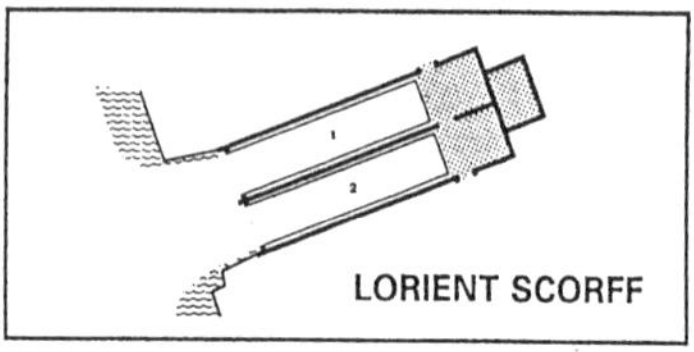

Lorient was by far the most extensive U-Boat base established in France by the Kriegsmarine, which at first harboured its U-Boats in the French Port de Guerre in the Scorff river and then built a completely new base on the Keroman foreland. Whereas the U-Bunker on the Scorff *(above)* and the third to be built at Keroman were much like those at Brest, La Pallice, Saint-Nazaire and Bordeaux, the system of bringing U-Boats onto dry land was unique to Lorient. Initially two Dombunkers were built beside a small existing slipway in the civilian shipyard, but the construction of a huge land-based complex at Keroman *(opposite)*, two shelters served by a protected slipway and a transporter system, provided facilities for twelve U-Boats.

ロリアン港図(左)、ブンカー(右図)は潜水艦用格納基地で厚いコンクリート構造、強い耐弾性をもつ

軍と送別の宴が催された。そして同艦は最新兵器の超機密事項と重大使命を帯びた要員を乗せ、四月十六日夕刻にロリアンを出港し日本へ向った。

その頃大東亜戦争での我が国は戦局不利、前線は苦境に立っていた。劣勢挽回には高性能航空機

コンクリート防空壕（バンカー）見取図

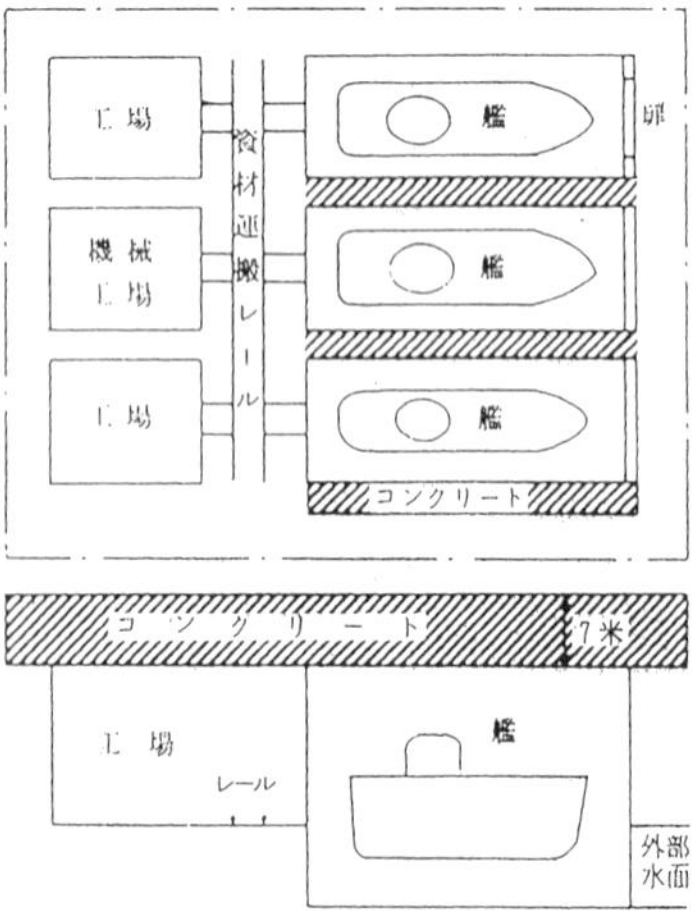

『大戦中在独陸軍関係者の回想』
伯林会・昭和56年12月6日発行より

の開発と生産が焦眉の急であった。折しも友邦ドイツではメッサーシュミット社がロケット機Me163、噴射推進式飛行機Me262の試作を終えていた。独空軍省はその資料を日本へ贈る事となり、海軍航空本部のドイツ駐在造兵監督官巖谷英一技術中佐が、その秘密書類を携行した。松井登兵大佐は同艦便乗者の一員で、滞独三年の間に電子技術特にレーダーについて、独海軍空軍士官や技師と最新技術交流後の帰朝であった。

『帝国海軍最後の深海の使者、一駐独技術士官の想い出』（永盛義夫著・昭和五十五年五月十六日発行）によれば、乗組員総数は艦長ほか一〇四名で便乗者一六名と併せて総員一二一名の大世帯であった。乗組士官の階級氏名は次の通り。

艦長・中佐　木梨鷹一（海兵51期）
航海長・中尉　大谷英夫（海兵69期）
機関長・大尉　田口　博（海機45期）
水雷長・大尉　岡田文夫（海兵67期）
軍医長・軍医大尉　大川　彰（海医17年9月）
機関長付・中尉　杉全酋二（海機51期）
通信兼砲術長・少尉　水門　稔（海兵71期）
電機長・特務少尉　杉森仙之助

又、『大戦中在独関係者の回想』中、「伊―29号による帰国と伯林の思い出」（花岡実業）では乗組員は同数だが、便乗者は海軍側で小野田大佐以下巖谷技術中佐ら一一名、陸軍側で吉田大佐以下三名、ドイツ人四名総計一二二名と一名の差がある。

さて、木梨艦長は焦らず騒がず冷静な性格の持主で、しかも「操艦の技量にかけては何人の追随も許さない」（南部伸清著「三人の潜水艦長」『世界の艦船』昭和四十八年二月号所収、一二八頁）達人であった。艦は「雨と降る爆雷、充満する炭酸ガス、浸水、さては魚群の水音にまで肝を冷やしながら、レーダーの十字電波乱れ飛ぶ敵海域を潜航」（巖谷英一著「太平洋戦争秘話海底一万五千浬の密使」『月刊読売』昭和二十六年七月一日号）し、帰路も亦万里の波濤と戦い筆舌に尽くせぬ労苦に耐えてその任務を遂行、七月十四日シンガポールに到着した。

大航海の記録は航海八十七日、ロリアン軍港から大西洋を南下し南アフリカ希望峰を迂回、航海実に一五〇〇〇浬、潜航時間六六〇時間に及んだ。

母国をめざす伊二九潜は便乗者をシ港で下ろした後、七月二十二日呉へと出港した。そして二十五日敵潜発見（北緯一三度三〇分、東経一一五度四〇分）の報を発した。翌二十六日艦はルソン島近海を浮上航行中であった。「一六時四五分、恩田上等兵曹は猛烈な爆音、振動を感じ、目の先が真黒になったように感じた。瞬間ハッと気がつくと、どうしたことか海中でもがいていた」（「三人の潜水艦長」前出、一四六頁）

伊―29号潜水艦陸軍関係便乗者　花岡実業中佐、吉田又彦大佐、柴弘人中佐

伊―29号潜水艦，『大戦中在独陸軍関係者の回想』より

奇跡的唯一人の生存者恩田耕輔上曹によれば（平成八年八月、筆者よりの質問に対する回答、呉市在住）、艦は第一戦速で浮上航行中で同氏は一人艦橋で見張りを務めていた。突如右約四十五度方向から魚雷接近し、右舷に命中（電池室附近と思われる）、警報を発する遑《いとま》もなく轟沈した。

伊二九潜は敵潜ソーフィッシュ（SS276、A・B・バニスター艦長）の攻撃を受け、故国へ今一息の所で海没した。逆巻く怒濤牙をむいて襲いかかる荒波を乗り越え、はたまた言語に絶する潜航中の辛苦に耐えて来た歴戦の勇達者、そしてドイツで積込んだ貴重な資料物資見本類を満載したままであった。

厚生省引揚援護局整理第二課が昭和二十九年六月に調整した『第三段作戦に於ける潜水艦作戦其の三（自一九四四年三月至一九四四年九月）』では、その沈没位置は北緯二〇度一〇分、東経一二一度五五分とある。しかし、“United States Submarine Operations in World War II”及び米国海軍省戦史部が一九五五年編纂した『第二次大戦米国海軍作戦年誌一九三九―一九四五』（財団法人史料調査会訳編、昭和三十一年十月十日、出版協同社発行、一六九頁）では、北緯二〇度一〇分、東経一二一度五〇分と記録されている。

シンガポールで艦を下りた巖谷技術中佐のトランクには、僅かな資料だけが残った。「橘花」誕生の第一歩はここからはじまる。

ロ　危し太平洋

〔挑戦者は誰か〕　昭和十九年六月二十日、英国軍需生産大臣オリバー・リットルトンは、ロンドンの米国商業会議所における茶話会の席上、次の如きことを述べて物議をかもした。然しそれは、昭和十六年十一月二十九日、何等の異義なく開戦を決意した日本政府大本営の言わんとするところを、いみじくも代弁するものであった。

米国が戦争に追ひ込められたと云ふことは歴史上の改作狂言である。米国が日本をして次の如き限界にまで追ひ込んだのである。即ち日本人は、米国人をパールハーバーに於て攻撃するを余儀なくせらるるまで弾圧されたのである。（服部卓四郎著『大東亜戦争全史』、一九六五年八月一日、原書房発行、一三一頁）

昭和十六年十二月八日、日本は米英に宣戦を布告した。米国の太平洋に於ける最大拠点真珠湾に痛打を与え、英国東洋の牙城シンガポールを占領する等我が軍は緒戦に圧勝した。

しかし守勢を立て直した米英側は徐々に反撃へと転じ、十七年六月ミッドウェー海戦で我が軍は一敗を喫した。同年八月から敵はガダルカナル、ニューギニア島に対し本格的攻勢を加え、十八年初頭末、戦局は悪化の一途を辿った。そして海軍の至宝山本五十六大将はブイン上空で戦死

米第20空軍司令部跡　グアム島に今も残る門柱。建物は右正面、司令官はカーティス　E　ルメイ中将だった。
（提供・大久保写真館TROPOCAL COLOR GUAM）

を遂げた。

十八年五月、北の孤島アッツ島守備隊は玉砕し、年末になると戦況は更に憂色の度を深めた。南方のマキン、タラワ両島、十九年二月にはクェゼリン、ルオット両島の我が軍は全滅した。その上米機動部隊の猛攻により、我が太平洋の要衝トラック島は重大な損害を蒙った。ビルマ戦線ではインパール作戦の失敗と海陸の悲報は続いた。

十九年七月にはサイパン島を失う等、我が国の「絶対国防圏」は崩壊した。米国は太平洋での制海制空権を掌握するに至り、日本本土は超重爆撃機Ｂ29の戦略圏内に入った。米側は基地建設を急ぎ十一月末には、早くもここを発進した編隊が大挙して本土爆撃を開始したのである。

かくして我が海上輸送路は完封され、原料物資の供給は途絶を招き軍需生産は危機を迎える。軍事基地や軍需工場は日夜空爆に曝され、経済活動も又破局に瀕する。

二十年六月沖縄戦が終結し、政府は和平工作をさぐり始める一方、本土決戦に向け最後の総力を結集する事となる。

他方、我が盟邦ドイツも又北アフリカ戦線で米英軍の反攻に苦しみ、十八年に入るやソ連スターリングラード攻防戦で完敗した。昭和十五年九月二十七日調印の三国同盟の一角イタリーも又敗退を重ね、首相ムッソリーニは七月失脚し遂に九月降伏した。

加えて十九年六月に入るや、米英軍はドイツ占領下のフランス、ノルマンディに上陸し、本格的第二戦線を実現した。ここに至って枢軸国は急速に退勢を余儀なくされた。

さて、第一海軍航空廠（一空廠）に目を転ずると、戦局への対応は慌ただしくなった。小型組立工場西側の空地をはじめとし、木造工場が続々と建設され敷地を埋めた。

工員はどしどし徴用動員され、朝は道路に帯状をなして廠内へ入門した。女子も又県内はもとより遠くみちのくからも挺身隊員として戦力に加わる。

そしてこれらを指揮掌握する若手技術士官も続々と着任して来た。在来機の修造業務から九三中練の新製、特攻機「桜花」、特殊攻撃機「橘花」の生産へと、その技術力はめざましく高まってゆく。

ハ　中島飛行機へ下命

海軍航空技術廠の種子島時休中佐は、プロペラのない飛行機の実現完成に、かねてから夢を抱いていた。そして研究開発に乗り出したが前途は困難を極めた。折しも伊二九潜のもたらしたドイツ資料を参考に、空技廠でのジェットエンヂンの研究は急速に進展することになる。

昭和十九年八月二十五日、中島飛行機松村技師ほか五名はジェット機計画の基礎研究を開始し、九月に入ると原動機の選定を検討した。

空技廠で行われた十一月九日の計画研究会では、二十年二月末に〇号機、三月末には一、二、三号機を目標とした。そして十二月十九日には「橘花」試作と生産に要する人員面積機械に関する資料を、海軍航空本部宛に提出した。

十二月二十五日、空技廠より中島飛行機松村主任に呈示された要求書案は大要次の通りであった。

一、目　的　　近距離ニ近接シ来レル敵艦船ヲ攻撃スルニ適シ、且ツ多量生産ニ適スル陸上攻撃機ヲ生産スルニアル

二、型　式　　タービンロケット　双発　単葉型

三、主要寸度　極力小型トシ折畳時ノ寸度ヲ
全幅　五・三M　全長九・五M
全高　三・一M　以下トナス事
四、整備発動機　TR一二型　二基
五、搭乗員　一名
六、性能
(1) 飛行性能
i　最高速度　海面上二七五節
ii　航続力　五〇番爆弾装備　海面上全力ニテ　一一〇浬
二五番爆弾整備　同一五〇浬
iii　上昇力　特ニ数値ヲ示サザルモ　後脚出時　過少ナラザル事
iv　離陸滑走距離　離陸促進装置ヲ使用セル場合無風時三五〇M以内
v　降着速度　軽荷ニテ八〇節以下
(2) 安定操縦性能
旋回並ニ切返シ容易ニシテ一般特殊飛行可能ナル事高速時舵ガ良好ニシテ航跡修正
容易ナル事

国庫歳入歳出統計

（単位千円）

	歳入				歳出			
	一般会計	特別会計	臨時軍事費特別会計	合計	一般会計	特別会計	臨時軍事費特別会計	合計
昭和18年度	14,009,734	55,898,311	28,726,414	98,634,460	12,551,813	50,621,361	29,833,259	93,006,433
19	21,040,389	69,912,110	59,706,578	50,659,077	19,871,947	64,946,548	73,488,213	58,306,709
20	28,951,027	110,109,016	85,029,367	224,089,411	28,951,027	105,597,754	85,054,942	219,603,723

資料　昭和十九年度マデハ決算デアッテ会計検査院調、昭和二十年度ハ予算デアッテ大蔵省主計局調デアル

備考　臨時軍事費特別会計ハ昭和十九年度マデノ各年度末マデノ収入、支出ノ現計デアル、昭和二十年度ハ第八十六議会ニ於イテ成立シタル追加予算デアル

『戦時金融統計要覧』昭和22年10月、日本銀行統計局発行　P1〜2

七、強度　強度類別第III類トス

八、兵装　爆弾兵装

無線兵装

九、防禦

(1)　操縦席　操縦席前面ニ厚サ七〇粍ノ防弾ガラスヲ装備シ操縦席下方並ニ後方ニ厚サ一二粍程度ノ防弾鋼板ヲ装備スル事

(2)　燃料槽　厚サ二二粍ノ内装式防弾槽トナス事

十、装備計器

動力計器

航法計器

十一、一般装備　〇式落下傘　自動消火装置　酸素吸入装置　救命筏

十二、固有性能ヲ満足スレバ極力航続力延伸ヲ図ル事

これらに要する資金はどんな裏付けがあったのだろうか。経済的考察は本書のテーマではないが、参考迄に一例だけあげておこう。

日本興業銀行は戦時中多くの軍需会社へ事業資金を供給した。その時局重点融資先には立川飛行機、愛知航空機、日立航空機、川西航空機、日本飛行機等の航空機メーカーが軒を並べた。

その中でも三菱重工（融資機関は当然三菱銀行）と双璧をなす迄に成長した、中島飛行機への融資額は群を抜いていた。昭和十七年は二千万円だが十八年は三億九千万円、十九年は四億二千三百三十万円、二十年は実に十一億七百万円と増大した。その結果終戦時に於ける、興銀命令融資残高の三十九億三百万円中、中島は十九億三千五百三十万円（四九・五％）を占めていたのであった。これによっても巨額の橘花開発費用を惜しげもなく投入し得た、その出所の一端を窺い知る事が出来よう。

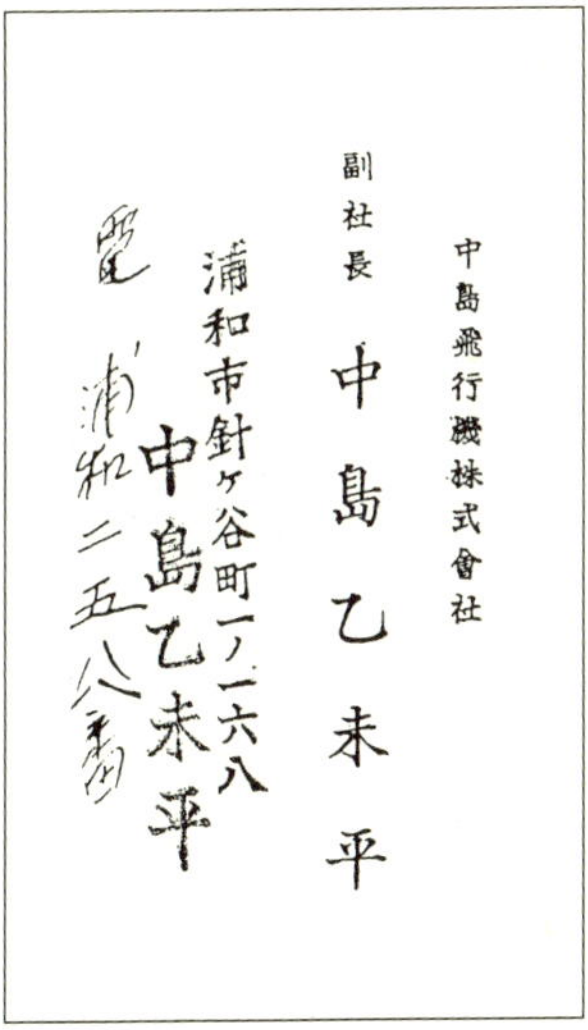
中島飛行機株式會社
副社長　中島乙未平
浦和市針ケ谷町一ノ一六八
中島乙未平

その中島飛行機株式会社（本社・東京都麹町区丸の内二ノ一六、明治生命館、社長・中島喜

代一）は、資本金五千万円、十九年下期は三百十万五千円の利益を計上し、十九年度の生産は海軍機体四千三百三十五台、発動機一万一千六百五十台に達した。

大手建設会社藤田組は昭和十四年七月、十五年十月、十六年十二月、十七年十一月、十八年、十九年と相次いで工場新築を請負った。中島の主要工場は機体関係の小泉製作所（海軍向）、太田製作所（陸軍向）、そして発動機関係の武蔵、大宮をはじめ七十余を数え、その上傘下に六十七社に及ぶ協力会社を擁した。

中島飛行機小泉製作所々歌

（提供・小堀猛氏）

作詞　佐々木信綱
作曲　信時　潔

一、展望台の日章旗
仰ぎ畏む朝ごとに
おゝ胸に充つ必死の誓
職責完遂ひたすらに

二、大利根川の霞む日も
赤城嵐のすさぶ日も
見よ空高く翔らひゆくは
我等が作りし精鋭機

三、東亜の天を縦横に
　海の荒鷲羽ばたけり
　きけ爆音の中にぞこもる
　我等の努力と精魂は

四、わが日本の運命を
　荷ひ戦ふ日々日々ぞ
　あゝ尊しや我等の職場
　中島小泉製作所

茨城県との関わりも深く、稲敷郡阿見村には、小泉製作所の分工場である若栗工場があった。隣接の霞ケ浦飛行場とは幅十八米のコンクリート滑走路で繋がっていた。同工場は中島国営化の後は、「第一軍需工廠第二製造廠第一一二支廠」と名を変えた。そして零戦の組立を行い艦載機による攻撃も受け損害を受けた。

又県下下請には次の各社があって部品供給を行った。以下社名、所在地、代表者名、生産品名、資本金、従業員数（十九・六・末現在）、中島持株率の順。

海老原航空工業㈱　北相馬郡守谷町大字守谷甲二三五四、海老原直太、銀河補助翼・零戦リング、五〇万円、一一八七名、三一％

茨城精工㈱　真壁郡伊讃村大字小川一四七四ノ一、加倉井孝久、水平安定板、五〇万円、一〇九六名、四〇％

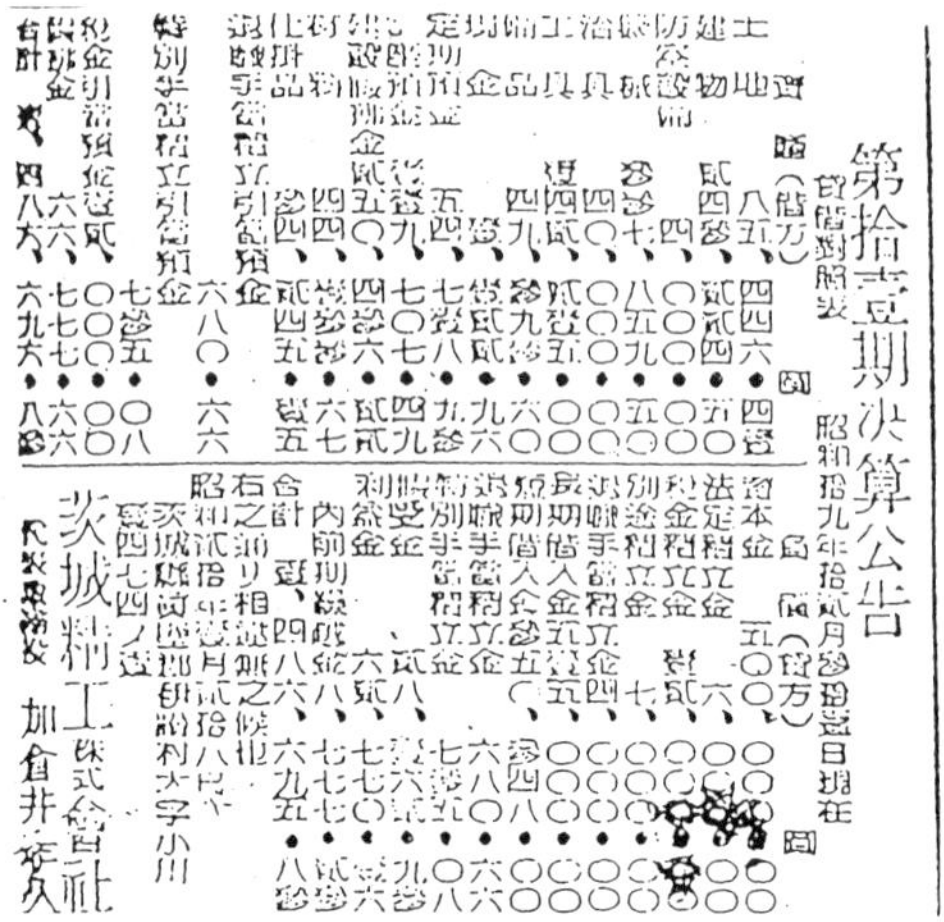
第拾壱期決算公告

貸借対照表　昭和拾九年拾弐月参拾壱日現在

資産（借方）

土地　建物　防空設備　機械　治具　工具　備品　現金　定期預金

負債（貸方）

資本金　五〇〇、〇〇〇・〇〇

法定積立金　別途積立金

茨城精工株式会社

第11期決算報告

深沢航空工業㈱　西茨城郡宍戸町当ノ越一二四〇、深沢功吉、脚、一五〇万円、四〇%

第二節　生産開始

イ　皇国第三〇八五工場

中島飛行機小泉製作所（後に皇国第三〇八五工場と改称）は動き出した。昭和二十年一月二十八日、試作工場である九号棟で視界木型審査を行い、所長より試作宛橘花工事命令書を受領した。その後橘花設計部隊は二月十七、十八日に佐野へ移転する。

小泉製作所々訓　（毎朝朝礼で唱和した）

一、至誠奉公
一、全所一心
一、職責完遂
一、規律厳守
一、質実剛健

小泉製作所９号棟

三月七日、航本の巖谷部員より呼び出しがあり、橘花増産会議が開かれ、

デュラ翼ニテ立上ル事

生産ハ
一空廠　外翼前後部胴体並尾翼
中　島　其他ノ部（内翼中胴脚）及全組

と分担生産方式が決定した。

二月二十日には空技廠から、〇号と一号とを是非四月中に完成させたいので、そのために試作工事の一部を海軍の第一航空廠（一空廠）で分担援助しようとの申出があり、種々協議の結果、

中島側　内翼（ナセル、脚を含む）、中胴体、前部胴体、タンク及び総組立

一空廠　外翼（補助翼を含む）、尾翼、胴体先端、後部胴体

という製作分担が取り決められたのである。

（『海鷲の航跡』、中村勝治「中島飛行機会社から見た〝橘花〟製作の思い出」二六四頁）

この様に中島側からの記述も分担を裏付けている。

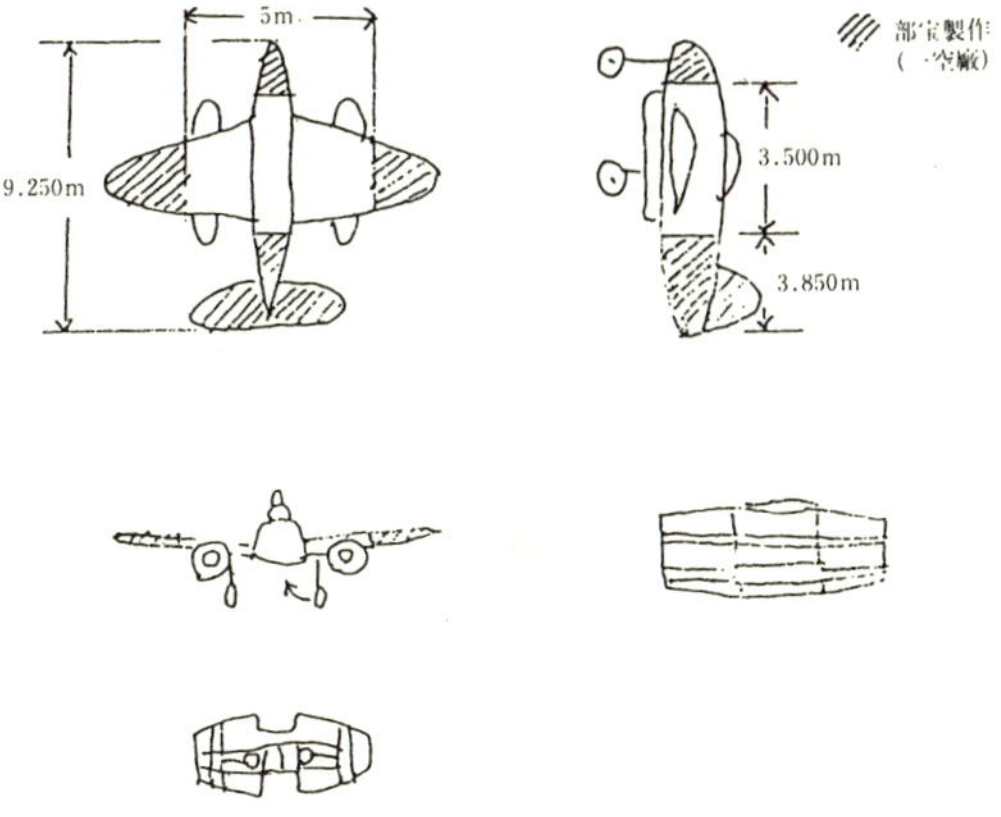

三月十日には橘花生産に関する合同打ち合わせ会議が開かれ、航本から巖谷技術中佐、軍需省から金重大佐、松浦中佐、片山少佐が、空技廠から飛行機部長佐波少将、西本技師、中口技術大尉、坂野中佐が、そして一空廠からは飛行機部長篠田大佐、藤原技術大尉、それに中島側計十八名が出席、会社側は鋼製部軽合金化に関する事、フラップ脚改造計画に関する事項の説明を行った。

三月十三日橘花生産打ち合わせが重役室で開かれ、一空廠との分担区分が図示された。

三月二十三日、軍需省航空兵器総局長は中島飛行機株式会社小泉製作所長に対し、橘花製造註文を示達した。

試製橘花試作ニ関スル件示達

軍需省航空兵器総局長官→中島飛行機ＫＫ社長

昭和二〇・三・二三　航空総キミツ第三四九号

首題ノ件別紙ノ通示達ス（別紙試製橘花註文要領書添）

海軍技術大尉　藤原成一

別紙　試製橘花註文要領書

一　註文先　中島飛行機株式会社

二　製造数　強試機体　一基

完成機体　一二基

三　完成期　強試用機体　昭二〇・五・一

○

第一号機　二〇・五・末

第二、三、四号機　二〇・六末

第五、六、七、八号機　二〇・七末

第九、一〇、一一、一二号機　二〇・八末

四　納入場所　東京海軍造船造兵監督官事務所

五　計画製造　計画製造ニ関シテハ別途計画要求書ニ基キ飛行機計画並ニ造修関係海軍諸規程ニヨル

六　審査　飛行機審査規則ニヨルモノトシ、之ガ実施ニ関シテハ第一海軍技術廠長ノ定ムル所ニヨル

七　符　号　飛行機造修規則所定ノ標示板　飛行機型式等用　「試製橘花」

これによって橘花は戦局打開の切札機として、一空廠と共同製作のスタートを切る事となった。

（提供・小堀　猛氏）

中島飛行機小泉製作所行進曲

一　煙立つ山浅間は狭霧
利根は白銀野は緑
上州小泉希望の天地
何か心も明るく晴れて
若い力がもり上る

二　空の時代を背負った意気で
今日も仕事に打ちこもう
見たかこの技術《うで》もえたつ闘志
命捧げて飛ぶ荒鷲に
負けはとらないこの気持

三　一つ鋲にも興亜の赤誠
こめて仕上げるこの翼
海の荒鷲存分頼む
北に南に勝どき聞けば
嬉し涙がこみあがる

四　初の飛行の翼が映えて
仰ぐ胸には血がたぎる
上州小泉希望の天地
広い世界の制空権を
奪ふ意気込み心意気

養蚕小屋　冨徳雄氏所有、組立やエンヂンカバー製作等が行われた

三月二十五日には一空廠と小泉との打ち合わせが早くも開かれ、桁フランヂ及び結合金具は小泉が応援する事で合意した。

そして三十一日、橘花製作図面はほぼその製図を了えた。

四月一日、中島飛行機は国営工場となり、「第一軍需工廠」と衣替えした。小泉製作所は第二製造廠と名を変え、機構は総務、会計、運輸、施設、保健、検査、生産、第一、第二、設計、試作の各部より成った。

同じ四月一日に参謀本部と軍令部は「昭和二十年度前期陸海軍戦備ニ関スル申合」を行った。その冒頭で「航空兵力及特攻兵力ハ優先整備ス」とした上で、二十年度前期航空機整備量を「海軍ハ洋上制空制海特ニ敵機動部隊攻撃用航空機ヲ最重点トシテ整備ス」と決めた。そして二十年前期特攻兵器整備表

エンヂン始動の場所　機首を東（写真上方）に向け、排気音はあたりにとどろいた

は橘花を三百機と予定したのであった。

さて、群馬県は養蚕が盛んで製糸、絹織物、綿織物業が古くから発達していた。大正四年十二月には桐生高等染織学校（後の桐生工専）が創立され、当初から紡織科が置かれたのを見ても、地場産業の繁栄振りを窺い知る事が出来る。

利根川北岸の新田郡世良田村（現尾島町）一帯の農家も、桑を植え養蚕を行う家が多く夫々五〜六十坪程の小屋を有していた。

二月二十五日に小泉製作所は、米機動部隊艦載機による初攻撃を受け、四月三日には第二〇空軍のB29編隊での本格爆撃に曝されるに至った。そこで橘花生産も疎開工場へ分散する事となり、世良田村粕川一帯に点在する蚕小屋が作業場として転用されたのである。

橘花起工式はこの世良田で行われ、四月十八日愈々生産に乗出した。

同村粕川一七七番地ノ二、冨美《とみ》貞氏（明治二十四年生）のトタン葺小屋（同一七五番地ノ二所在）も、ヨシズで外部を囲み中に万力台やバイス台が運び込まれた。そして中では主に配線等電装関係の作業が行われた。同家の本宅である冨徳雄《のりお》氏（同所三六八番地）のトタン波板葺小屋では、組立やエンヂンカバー製作の仕事が進められた。従事した工員（試作部整備職場）には大工や建具職人などが多く、出身地は群馬県内をはじめ栃木、埼玉、東京、神奈川、長野、新潟、岩手、宮城と各地に亘った。付近の人々は自宅から通勤したが、それ以外は尾島町の中島寮から通い作業は八時から五時迄が基準であった。

やがて黄色（ミカン色）に塗装した——複数の人々の証言——機体に、エンヂンが到着するのを待って取り付けた。機は冨美貞氏と富宇加《とみう》雄《かたけし》氏宅の南側畑で機首を東に向けた。エンヂンを始動するとプロペラのない発動機からの激しい風は、西向に吹出してエライ轟音が辺りにとどろいた。粕川では一号機のみを組立て、疎開工場は大量生産に不向きとの事で二号機以後は小泉に戻った。

丁度その前後の五月から六月にかけて、武山海兵団武山警備隊（北野準一司令官）では、各工廠及び民間会社十八カ所へ人員を派遣した。一軍工二廠（小泉）へは六月十二日、下士官兵百五十一名を機密横鎮指令第四〇五号により派遣し、生産を支援したのである。

『短命に終わった早大航空機科の記録』(早大翰会編・平成七年七月二十日、株式会社波発行)によれば、早大専門部航空機科の学生は、六月一軍工二廠(小泉)へ学徒動員となった。その一部は橘花の構造力学を担当した。実物大の木製機に荷重をかけ、その静的動力歪みを測定し、計算応力の裏付けデータとした、とある。

これより前、一号機は五月三日の第一次構造審査を経て、六月二十九日完成審査の日を迎えた。これには審査部斉藤部長ほか五十名が、一空廠からは藤原技術大尉が代表で立ち合った。その傍で機を見るなり翼型が違う、という声が聞こえ大尉はヒヤリとした。しかし結局その人の勘違いだったらしく問題はなかった。同大尉の見たところでは、一空廠分担部分は仲々立派な出来栄えだったとの事である。

翌三十日は試作工場エプロンで消防車が水撒きをした後、斉藤審査部長や完成審査委員らが見守る中、第一回地上運転にこぎつけた。無事審査を終えた一号機は、七月八日分解梱包され木更津へと発送された。

ロ　一空廠の分担

一空廠はその源流を海軍技術研究所霞ケ浦出張所設置(大正十三年)に遡る。同所は昭和七年一旦横須賀の海軍航空廠に統合されたが、昭和十五年同廠霞ケ浦出張所が開設され霞ケ浦の地に飛行機造修の日が再びめぐって来た。

出張所を拡充の上昭和十六年十月一日、第一海軍航空廠（廠長・海軍主計少将荒川信）は独立開庁した。以来施設は拡大充実を図った。今、鴻池組施工の工事を列記してみる。

着工年月 完成年月	註文者	工事名称 請負金額
昭一六・九 一七・六	横須賀海軍	阿見原第一期 五〇〇、〇〇〇円
一七・九 一八・三	〃	阿見原第二期 四一四、四七一円
一七・一〇 一八・五	〃	荒川沖宿舎 五九五、〇〇〇円
一八・一 一九・三	〃	阿見原第三期他 五一四、五〇〇円
一八・七 一八・一二	〃	烏山宿舎 一二一、八九〇円

一八・九〜一九・三	〃	荒川沖第二期	八〇〇、〇〇〇円
一八・九〜一九・六	陸《ママ》軍航空本部	右籾整備工場工事	四三〇、〇〇〇円
一九・一〜二〇・三	横須賀海軍施設部	摩利山工事	五〇七、九〇〇円

一空廠の基幹工の殆どは横須賀で教育を受けた。独立開庁後は技術習得の為、先発である中島飛行機の小泉、尾島工場へ派遣された者は多い。そして急速にその技術力を高めて九三中線の新製を手掛ける。

そして同年秋に入り飛行機部は第五工場（主任・小川正道技術大尉）を新たに編成して、特攻機「桜花」（通称(大)《マルダイ》）の量産に取掛かった。補給部北側のプラットホームからは生産された約五百機が順次積出されていったのである。だが敵艦必殺の期待を担って登場した(大)は、作戦上実効が上がらず二十年早々に製造は中止された。

代わって編成されたのが「橘花」（通称(、)《マルテン》）生産の第四工場（主任・藤原成一技術大尉）である。(大)生産スタッフの柳田清一郎、山口耕八、矢田部厚各技術少尉らは、そっくり(、)製作へ移行した。一空廠はその名誉をかけ総力を結集して、未経験な金属機製造の試錬に挑む事となる。

〇、新製という大プロジェクトは動き出した。二月二十六日、橘花生産移行打ち合わせが佐野市の菊水に席を設けて聞かれた。この会には次の重要メンバーが参加した。

(航本) 巖谷技術大佐
(軍需省) 松浦中佐
(一空廠飛行機部) 藤原技術大尉、宇都野技術大尉、大崎技術少尉、吉岡技師、高橋技師
(一枝廠) 中口技術大尉、伊藤技手
(小泉) 大野試作部長、小峯技師、金須技師

櫻花の碑　神の池空跡に建ち正面に山岡荘八の建碑由来、左側面には次の献歌が刻まれてある。
　練成の名残とどめぬ鹿島灘
　　いまだただよう戦友のおもかげ

四月二十日、一軍工設計部門との打ち合わせ会は、その疎開先である佐野中学校々舎で行われた。既に工事分担については連絡を重ねていたが、この日は双方生産陣のトップが打ち合わせに顔を揃えた。この席に臨んだのは、

（一空廠）藤原技術大尉、川村勇七技手
（一軍工）設計部　平野課長
　　　　　試作部　大野部長　山口組立工場　金須技師

であった。ここで胴体#八円框より前方は一空廠にて製作する事を確認した。
五月十二日、一枝廠では橘花複座練習機並びに偵察機計画研究会が開かれ、航本の伊藤大佐、巖谷技師中佐らが出席した。又、同日「橘花戦闘機計画ニ関スル一技廠長指示」が出された。その内容は次の通りである。

推定性能（一枝廠越野部長推定）
ネ―二〇　二〇％増シ推力、重量三、七五〇kgニテ

最高速	〇米	三七二節	
	八〇〇〇米	四四〇節	
	一〇〇〇〇米	四八〇節	
上昇率	〇米	一六・九米／秒	
	八〇〇〇米	九・二米／秒	
	一〇〇〇〇米	六・七米／秒	

橘花一号機所要工数

	所要工数	重　　量	工数/重量
翼	34,000	335 65	85
胴　本　体	25,000	200	125
胴　タンク	5,500	155	36
尾	4,000	40	400
操	5,500	40	138
降(前主)	6,000	25前 125主	40
兵	2,000	12	167
艤	2,500	30	83
発	1,500	3 14	88
圧	1,500	45	34
電	2,500	35	83
全組	7,000	—	—
発整	3,000	—	—
計	100,000	1119kg	112

上昇時間　八〇〇〇米　一〇分二〇秒
　　　　　一〇〇〇〇米　一四分三〇秒

計画着手ハ複座機計画完了後トシ可及的速カナルヲ要ス

又その翼は、

胴体は、六〇〇㎜延長＃16ト＃17トノ間デ、Tail vol 増大、胴体前方構造変更、機銃ソービノ為。

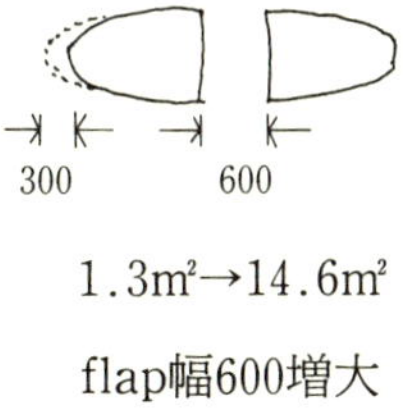

更に偵察機計画の概要は、

	搭載燃料	全備重量	最高速
橘　花	一四〇〇立	四〇八〇粁	三七一節
偵察機	一七二〇立	四二四一粁	三九〇節

とした。

『海鷲の航跡』二六四頁には、「後席に九六式空三号無電を装備して、高速偵察機に改造する計画で、高度六、〇〇〇メートルで最高速三九〇ノット、航続力三六五海里という性能を予測していた」、と中村勝治氏は戦後記している。

六月四日には治具に関する打ち合わせが開かれ、航本の巖谷部員、一軍工の山田、金須技師が出席し、六〜一〇号機の五機を複操改造する事を決めた。同月更に一空廠で生産準備打ち合わせが行われ、軍令部は九月迄に一千五百機の生産を要望し、艦本関係（三菱造船）で五百機、九州飛行機で百機、一軍工二十四機、そして一空廠二十四機を目指した。

二十日複操化計画は具体化し一軍工平野技師は一空廠へ出張、現図とタンクブリキ化設計は小泉で行うことを決めた。三十日小泉で行われた完成審査の際、航本巖谷技術中佐を交え量産と複操機改装全議装工事は、一空廠で行う事を決定した。

第三節　空技廠の開発

イ　噴進機部新設

海軍航空技術廠は横須賀市浦郷にあって、航空技術から航空医学の分野に至る迄、各種研究設備を備えた一大技術センターであった。一空廠第三代廠長となった松笠潔少将の前職は、この空技廠発動機部長だった。

空技廠は昭和二十年二月十五日、第一海軍技術廠となった。時の廠長和田操中将は生前の山本五十六らと共に、日本航空学会役員として名を連ねた学術派の一人である。終戦時（廠長・多田力三中将）に於ける敷地面積は三三六、〇〇〇平方米（矢浜地区）、大小百余棟の建物を算えた。庁舎研究場（延四、六七〇平方米）を中心に、研究場、実験場、高圧風洞場、高速風洞場、遠心力試験場、着水試験水槽、艤装兵装及構造力学研究場、飛行機強度試験場、機械工場、軸受工場、工作工場、製図工場等が建ち並び、我が国最大規模の研究実験と造修のメッカであった。

そのテーマは数多く多岐に亘った。主な項目は次の通りである。

一　橘花、桜花、秋水原動機用材料の研究
二　飛行機木製化の研究
三　燃料代替の研究
四　不足資源対策並に代用燃料の研究
五　飛行機性能並に稼動効率向上の研究
六　航空機々体関係
七　空力関係
八　発動機関係
九　噴進機関係
一〇　電気関係
一一　発着機関係
一二　航空医学関係

さて、種子島時休氏はガスタービン（今のジェットエンジン）が技術的に優れた発動機であるとの見解をもち、海軍でこの開発を積極的に推進した先駆者である事は前述した。昭和八年東大航空学科卒、同十年から二年間フランス留学、帰朝後の十三年に航空廠発動機部部員となり、研

旧第四風洞　建物は今も健在で民間会社が使用中　外部にはツタがからまっている

究に没頭した。そして十七年に中佐、十八年には大佐に任ぜられる。

大佐は鉄砲伝来の地、種子島の殿様の後裔で連綿と続く「時」の字を受継いで時休と名のった。一つのものに凝ってこれと決めたら邁進する性格の持主であったといわれる。同大佐をリーダーとする発動機部の研究開発は、出力不足等で仲々進展しなかった。

そこへ巖谷技術中佐によりもたらされたのが、海路ドイツからの資料であった。日独間に残された唯一の輸送手段は潜水艦による方法である事は既に記した。ドイツよりの譲渡艦U一二二四号（日本名呂五〇一潜）は途中沈没し、遣独四番艦伊号二九潜のみが辛うじて使命を果たす事が出来たのであった。

「巖谷さんがシンガポールから空路携行されたJumo-004BおよびBMW-003Aターボジェットとワルター推薬ロケットに関する見聞ノートと、15分の1程度に縮写した003Aの縦断面、ワルター・ロケット組立図、Me-262およびMe-163の説明が我々の手に入ることになった」（永野治著「戦時中のジェットエンジン事始め」、『鉄と鋼』第六四年（一九七八）第五号所収、六六一頁）

これが暗礁に乗り上げていたエンジン試作に転機を与えた。

「巖谷氏が見せたたった一枚の写真で充分であった。廠長室でこれを見たとき瞬間に全部が了解できた。全く原理はわれわれのいままでやったのと同じであった。ただ、遠心送風機の代わりに軸流送風機を用い、しかも回転も低く、タービンも楽に設計してある。燃焼室も直流型で伸び伸びとしている。見ただけで、これはうまいと思った」（種子島時休著「わが国におけるジェットエンジン開発の経過(2)」『機械の研究』第二二巻第一二号所収、四六頁）

同廠では十九年十月、ドイツ資料を参考に従来の研究を切替えて図面を書き始め、十二月には設計を終了した。そして一月には早くも製品の試作を開始する驚くべきスピードであった。

かくして生まれたエンジン「ネ20」は、昭和二十年四月一日火入れを行う程の進展振りであった。芹沢良夫技術中尉は一技廠への赴任日と同日だったので、画期的火入れの日を四月一日と記憶している。

着任早々、永野技術少佐から、

「オ前イイ所へ来タ、スグ来イ」

と連れてゆかれて、

「コレガ（火入れの）最初ダヨ」

と言われたのをはっきりと憶えている。だが一方で三月二十六日説が多いので、或いはそうかも知れないとも語る。

火入れの場所は一技廠から車で五分か十分程の位置で、山と山の谷間に掘った壕の中であった。エンジン頭部を壕の中に入れ後部を外側に向けた。爆音はカン高いキーンという音で関係者は耳栓をしてテストに臨んだ。

終戦時大尉の山本平弥氏の著書に次の様な記述がある。

戦后、種子島時休、元東海大学教授が終戦直前の二十年八月七日、日本最初のジェットエンジン「ネ―二〇」を航空機橘花に搭載し、試験飛行を成功させたという記事を見た。長井分校に隣接した桐林の中を、ときたま轟音を発して飛行した物体が、ジェットエンジン「ネ―二〇」付の橘花であったか、あるいは他の兵器であったか、それはいまだにわからない。（『〈越中島〉海軍予備士官の太平洋戦争』、一九八九年十一月二十八日、光人社発行、一二五三頁）

横須賀海軍砲術学校長井分校で聞いた轟音は、飛行物体ではなく、エンジンテスト音だったと推測される。

ところで、昭和十九年十月フィリピン海域で我が艦隊は致命的打撃を蒙った。もはや水上艦艇による戦局形勢の挽回は不可能となった。ここに至って海軍艦政本部は、資材、人員挙げて航空本部に協力する事となった。

又相つぐ作戦で航空戦力の消耗も激しく、そのまま推移すれば国内防衛すら覚つかない最悪の状況すら予想されるに至ったからでもある。ここに於いて機構が比較的簡単でしかも大量生産向、その上高級燃料を必要としないタービンロケット噴進機は、国運を賭する如き重要性を帯び、俄に脚光を浴びる存在となったのである。

かくて石を投げれば大尉に当たると迄言われた一枝廠発動機部は、三月一日噴進機部を分離発足させた。初代部長は材料部長渡嶋寛治技術大佐が兼務し、五月十二日に石川雄二少将が専任となった。

一方、羽鳥忠雄中尉は三〇二航空隊の雷電部隊から横空審査部附兼一技廠附となった。そしてネ20の開発に取組みブレード材料に於ける高温脆性の解決、燃焼室形状やミッチェル軸受の改良に努力した。中尉は横空の壕内士官室と噴進機部との間を往復し、二台の試験装置を使って燃料消費、排気温度、推力の測定等にも日夜専念した。

ここでは送風機の性能、タービンブレードの故障、燃焼室の問題、推力軸受の問題、燃料ポンプの問題等幾多の難問解決が課題であった。

研究途上の一例を挙げると、エンヂンは当初出力不足で性能が思わしくなかった。軸流送風機アルミブレードの角度が狂っていたのである。これに気付いて羽の角度をペンチで捻ったところ馬力が出た。これが判らずに造り直すとしたら、更に何カ月もの期間を要するところであった。高度の技術を求める機械に対し何とプリミティブな手段だが、この方法を見付けたのは永野技術少佐であった。

判断と対応はもの凄く早かった。橘花搭載のエンヂンはネ12から出力の大きいネ20と変わり、火入れ成功の後〝これはいける〟との判断から同エンヂンの本格的量産計画はスタートした。

他方、橘花を射出機によって発進させる実験研究も進行していた。一枝廠発着機部（部長・粟屋眞少将）の山田、安達技師による研究である。八月一日航本軍備調査班のまとめた資料によれば、概要は長さ二〇〇米、終速一二〇節以下、その「レール」（速度一二〇節使用ニ耐フルモノ）一基の基礎実験装置設計がすんだところであった。

ロ　一技廠秦野実験所

神奈川県の西部丹沢山塊と渋沢丘陵に囲まれた盆地である秦野地方は、秦野町、東秦野村、南秦野町、北秦野村、西秦野村、そして上秦野村が東西に長い矩形状をなしていた。盆地の大部分は西北から東南にかけて緩傾斜をなす扇状地で、地下水の少ない畑作地帯であった。

秦野は神奈川県を主産地とする秦野葉生産の中心地である。この葉は刻、口付の主原料、両切の補完原料、一部葉巻用となり黄褐色又は褐色をし、弾力性はやや乏しい。葉は長く葉幅大きく葉肉厚い特性をもつ。『日本専売公社十年史』

専売局はこれらの生産品を収納するのに広い倉庫を有していたのである。一枝廠噴進機部ニ科（タービン担当）は、本部と設計部門とを横須賀に残して実験部隊をこの秦野へ移転させた。場所は東京地方専売局秦野出張所（大田正道所長）の北原倉庫で、二十年四月初めであった。

この部隊（所長・種子島大佐）は技術士官ばかりで所長を除き、永野技術少佐、芹沢技術中尉らが街中にある、地方銀行店舗二階を宿舎としてここで寝食を共にした。当初十数人のスタッフは噴進機部の膨張と相俟って、やがて数十人に増加した。橘花実施部隊の七二四空からも兵員が作業応援に来場した。橘花整備分隊長角信郎大尉も又秦野で支援する。

エンジン製造は空枝廠発動機部（後に一枝廠噴進機部）で行われ、その工場は秀れた技術力を有していた。岩崎巖技術中佐（戦後小松製作所重役となる）の指揮で、生産には拍車がかかった。タービン燃焼室の資材であるタングステン、クローム、コバルト、ニッケルは不足して大層苦労した。その克服の為アルミ含浸法や各種の代替試作を行って改良を重ねた。エンジン完成品はトラックで横須賀から秦野へ陸送され、そこでテストが繰返されたのである。

作業はどこかで直し整備し又テストと循環が続いた。担当者は近くに寝泊まりし、準備出来次第夜中でも起しに来て実験を繰返すという、夜も昼もない二十四時間体制で実施された。タービンは何台もが次から次へと中味を替えては装着され、テストは反覆された。

二十年五月、ネ20は橘花への搭載見通しがついた。羽鳥中尉は一枝廠噴進機部製のエンジン二台をトラックに積み群馬へ運んだ。機体据付のとり合いを見る為である。トラック荷台のエンジンにはシートを被せ、中尉は自ら運転台へ軍刀を床に立てて同乗し粕川へ向かった。それは横浜大空襲（五月二十九日）の翌日か翌々日の事で、市内を通過すると焼跡は生々しく死臭が漂い、電線は道路に垂れ下がったままであった。罹災者達は車に同乗をせがんで仕方がなかった。

六月十六日、橘花ネ20原動機艤装に関する件打ち合わせが粕川で開かれた。出席者は噴進機部永野技術少佐、横空羽鳥中尉で記録には次の様に記されている。

地上実験結果ニヨレバ燃料チョークスルヲ以テ取敢ズタンク加圧ノ要アリ（送風機第四段ヨリ）

芹沢技術中尉も又橘花の基本設計者である中口博技術大尉と共に、群馬の疎開工場へ出向き、ここでエンジンを取付けほぼ完成状態の機体を目のあたりにした。

秦野のテスト作業が進行し愈々実用になりそうだ、との事で航本のお偉方がズラリと視察に来た時がある。その席で論議があり、お高い所から眺めてるだけでは駄目だ、現場では体を張ってるとの永野技術少佐の燃える直言があったと伝えられる。この頃を境として上層部では生産計画を本格的に採り上げ出し、従ってその支援展開は非常に素早かった。

種子島大佐は大きく方向を決め間違いなく進行させる、いってみれば青竜刀の様に太く鈍い切れ味であった。これに対し永野技術少佐は天才的頭脳の持主で日本刀の鋭さであった、との評も噂される。

さて、芹沢技術中尉は秦野でのテストに続いて初飛行準備の為、木更津と往復する多忙な日々を過ごす。そして関係者の努力と苦闘の来、橘花は八月七日遂に紺碧の大空へ舞い上がる。

一方、一空廠発動機部の久米豊技術中尉（旧制一高で芹沢技術中尉と同級）は、ネ20の構造研修の為、世田谷の自宅から小田急線で秦野実験所へ一週間程通った。その命を受けた理由だが、一空廠発動機部はエンヂン再整備を業務としたから、いずれ発生するかも知れないネ20の修理に備えるつもりだったのだろう、と同氏は推測した。この研修が終って帰った翌日が終戦だった。

製造されたエンヂン母体は終戦迄に十二台と伝えられるにとどまり、正確な資料は残っていない。このほか製作途上のものや各種部品があったが、記録は終戦時に焼却され不明である。エンヂン番号で出版物に発表されてるのを掲げてみると次の通りである。

「六月にはネ20・6号機（生産型ネ20Aの第一機）による耐久運転試験を完了し……」、「国産ジェット・エンジン物語」永野　治、『世界の航空機』第五集・日本の戦闘機集前編所収、七七頁、一九五二年。

「六月一日には八号機を橘花艤装用に中島飛行機の小泉工場に送り、十五日は九号、十号を搭載用に出荷した。（中略）橘花の第一号機のエンジン搭載整備は、七月九日から木更津の航空隊で行った。十三日から試運転をはじめ、十五日には左舷機十号エンジンの燃料噴射弁の洩れからタービンノズルを焼損し、右舷機九号エンジンも圧縮機に異物を飛びこませて破損し、修理換装に狂奔した……」、「エンジンの高鳴りこそわが青春の墓碑銘」永野　治、『丸』一九七三年三月号所収、二一九頁、序に本書第五章第一節ロ、同第二節イを参照されたい。

4　軍需品

(2)補用発動機(良品/損品)

名称 ＼ 数量 ＼ 所在地 ＼ 庁別		第一海軍技術廠	第一海軍航空廠 霞ヶ浦	谷田部	百里原	筑波	鹿屋	北浦	神ノ池	松島	郡山	神町	石岡	小泉	合計
天風	15　型　基		88/7												88/7
	21　型　基	0/4	2/122												2/12
	31　型　基		0/18												0/18
初風	11　型　基	2/0	0/3												2/3
	特 13 型 基	24/0													24/
神風	2　型　基		0/81								0/73				0/15
其ノ他	NK 9 K基	1/0													1/0
	MK 9 A基	1/0													1/0
	YE 1 T基	0/3													0/3
	AE 1 T基	0/4													0/4
	NK9HS基	0/1													0/1
	X　基	0/1													0/1
	ジュピター基										0/2				0/2
	ヒスパノ基										0/1				0/1
	MK 4 A基										0/1				0/1
	一式チ50基										0/6				0/6
	震天21型基		0/1												0/1
	ヒ ル ト 基					0/1									0/1
特殊原動機	ネ　20　基													8/0	~~8/0~~
	ル302・210基														15/
	202　基	15/0													

試製橘花

機体	状況	所在
強度試験機（鋼製）	昭和二十年四月二十五日工場完成	強度試験場
第一號機（鋼製）	昭和二十年六月二十一日工場完成 同 七月二十一日地上滑走 同 八月七日飛行開始 同 八月十日第二回飛行 離陸時故障ニテ大破	木更津空
強度試験機（ヂュラルミン製）	昭和二十年七月五日工場完成	強度試験場
第二號機	略完成ニ近ヅキタルモ補機類不足ノタメ配管一部未済脚未完	九號棟
第三號機	同右	〃
第四號機	同右	〃
第五號機	同右	〃
第六號機 第七號機	同右 複座機ニ改造ノタメ昭和二十年七月八日一空廠へ送附	一空廠

終戦後米軍司令部へ報告のために調べて作成したものの様です（外に連山等他機のものも作ったのです）（小泉製作所）

終戦時の橘花製造状況　提供・大坂荘平氏

試製橘花

機番	状況	場所
第八號機 第九號機 第十號機	同右 原動機不足ノタメ原動機艤装未完 脚未完	一九號棟
第十一號機 第十二號機 第十三號機 第十四號機 第十五號機 第十六號機	胴体並ニ主翼組立完 結合未済	
第十七號機 第十八號機 第十九號機 第二十號機 第二十一號機 第二十二號機 第二十三號機 第二十四號機 第二十五號機	胴体組立完 主翼ハ組立工程中	

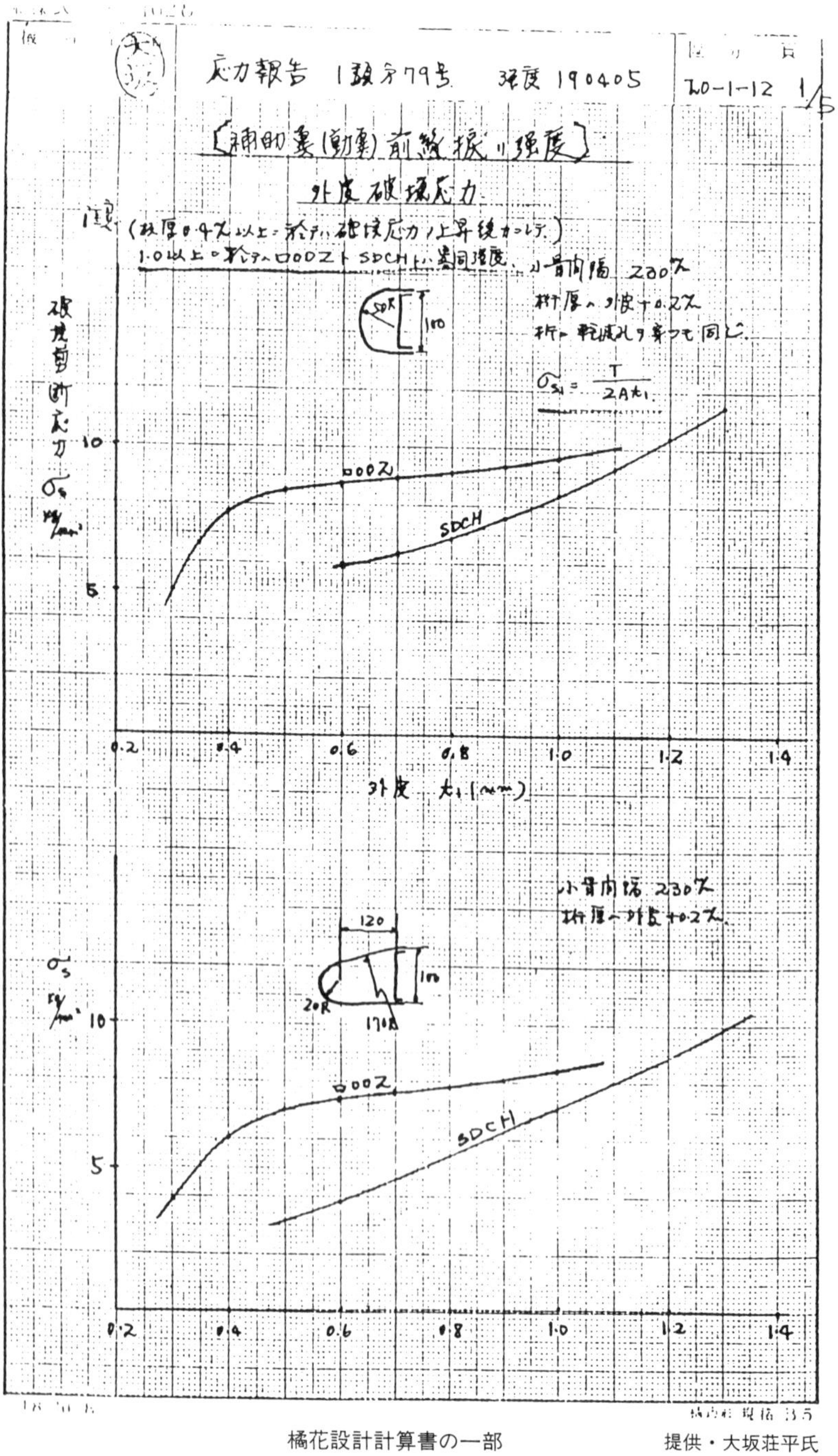

橘花設計計算書の一部　　提供・大坂荘平氏

機種	日時	鋼板角筒捩リ試験	区分	頁
				1

19.12.2.　　成果　　（強資 190382号 応力80号）

6種類ノ 500×500×1.500 角筒ニ就テ捩リ試験ヲ実施

(1) 外皮挫屈応力

肉眼ニテ観察シ得ラレタル外皮剪断挫屈応力ハ Timoshenko ノ
次式ニ於テ周辺條件固定トセル値ト略一致ス (3頁)

$$\sigma_K = k\left(\frac{E}{1-\frac{1}{m^2}}\right)\left(\frac{t}{b}\right)^2$$

而シテ剪断皺ヲ稍明瞭ニ認メ得ル応力ハ上式ノ約2倍ト見テ可.

(2) 破壊強度

i　小骨ノ寸度.材質ヲ一定トシテ得タ外皮各種板厚及ビ材質ノモノノ
破壊応力ヲ3頁ニ図示.　小骨ハ略実用寸度ニシアルヲ以テ本図ニ
ヨリ異外皮剪断破壊応力ヲ推定シ得ベシ.

ii　一般ニ破壊ハ外皮及ビ小骨ノ永久挫屈ニ因ルモ直接ノ原因ハ張力場
ニヨル小骨ノ屈曲ナリ.

iii　外皮同一材質(D002)ノモノニ於テハ板厚増加ト共ニ破壊応力ハ
低下ス. 但シ板厚小ナルモノハ挫屈応力モ著シク低キヲ以テ
設計ニ際シテハ此ノ点ニ充分留意スル要アリ.

(3) 剪断弾性係数

i　有効剪断弾性係数 Ge (Secant modulus) ト外皮応力トノ関係ヲ
(4頁)ニ図示ス. 捩リ剛性計算ニ必要ナル Ge ノ値ヲ推定シ得

ii　Ge ニ対スル縦通材及ビ外皮材質ノ影響ヲ(5頁)ニ図示ス.
外皮応力ニヨル Ge ノ低下ハ比較的小応力部分ニ於テハ縦通
材ノ有無ニヨリ著シキ差異アリ. 而シテ縦通材付 D002 0.4t (No3)
ハ縦通材ナキ SDCH 1.2t (No6) ト Ge ノ低下率 (G_e/G_{e0}) 類似ス

(4) 縦通材ノ影響

縦通材ノ有無何レガ重量的ニ有利ナルヤハ即断シ難キモ
本実験ノ範囲内ニテハ次ノ如ク縦通材重量ヲ外皮ニ廻ス方
有利ナルコトニ注目スベキナリ

i　外皮縦通材及ビ小骨ノ合計重量ガ等シキ場合ハ挫屈強度(σK)
ハ殆ンド差無キモ破壊強度(τ)ハ縦通材無キ方稍大ナリ.

戦後集計された軍需品引渡目録に別紙の一葉があった。一空廠と小泉の関連も示すこの資料で、小泉欄は二本線で抹消されている。誤記を訂正したのか当初在庫してたものが、書類提出直前になって他所へ移したのか、それとも又別の事由かは不明である。これらのエンヂンネ20は橘花二～五号機搭載用として小泉に運ばれ、機体完成を待っていたのだろうか。

ハ　エンヂン量産

「生産技術協会」の調査記録によると、海軍艦政本部は二十年五月ネ20を原動機とする橘花を製造する事となった。六月十二日、艦本総務部長は飛行機製造工事所掌の、具体的方針を次の通り定めた。

分担事項	主務部
一、機体構造、板金部分、木造部分	四部
二、原動機関係	五部
三、燃料管、潤滑油管及同関聯計器	五部
四、燃料「タンク」潤滑油「タンク」「メタノールタンク」「水タンク」	四部

五、原動機ニ対スル操縦装置ノ起動装置　五部・三部
六、電気兵器電気関係計器類　三部
七、脚「オレオ」、又状金物、車輪　一部
八、油圧管、油圧作動筒類、高圧油弁類　一部
九、航法兵器及計器　六部
十、対爆関係　一部
十一、無線兵器、電装品関係　三部
十二、諸舵及「フラップ」、操縦装置（人力ノモノ）、脚落下装置（人力ノモノ）　四部
十三、離陸促進及増速用「ロケット」及同発火装置並離陸装置　一部
十四、酸素補給装置、伝声管　四部
十五、機体構造、機械加工部品

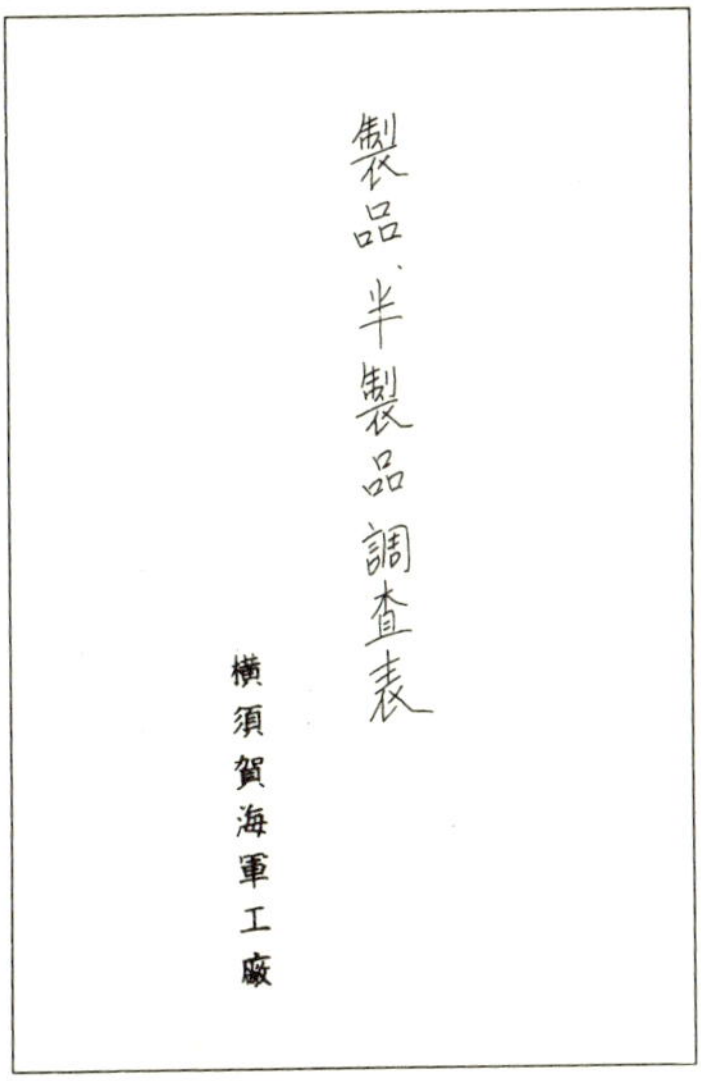
製品、半製品調査表
横須賀海軍工廠

資材関係調書　20.9.15　横須賀海軍工廠長から横須賀鎮守府司令長官宛てに提出された。

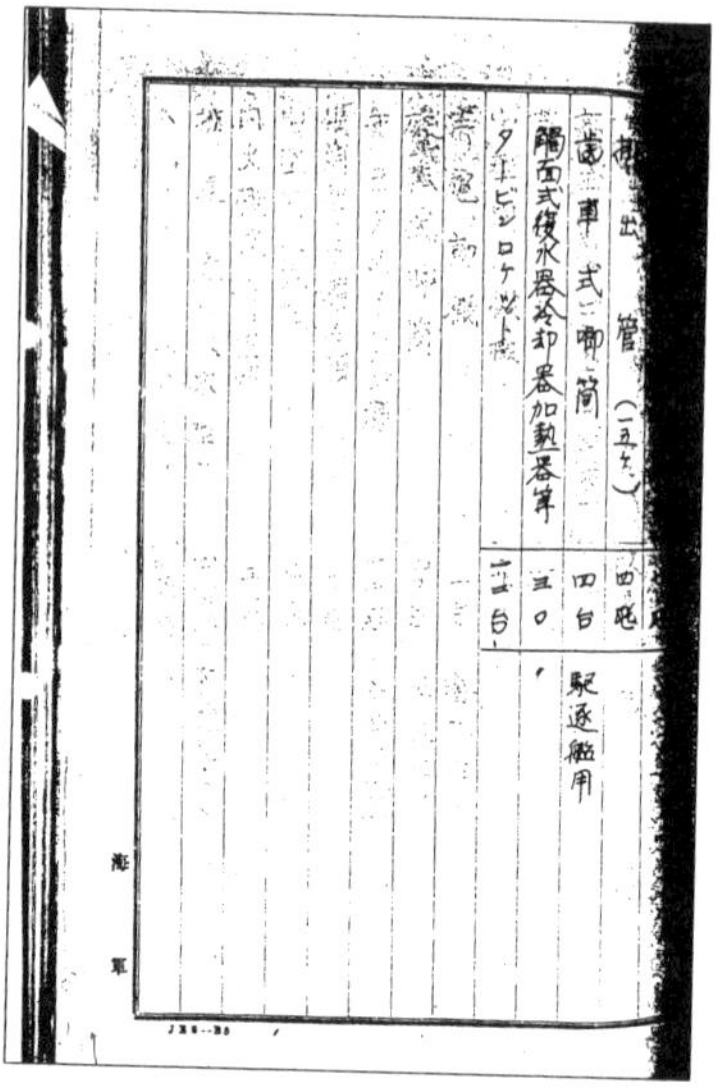
四台
三〇
駆逐艦用

本書は横廠（細谷信三郎廠長）
「造機部」の調書の中にあった。

一・二・三・四・五部

ここに於いてエンジン生産は第五部が担当する事となった。

量産は本来、試作と実験が完了後に移行するのが常道である。しかし事態は切迫しその時間的余裕はなかった。その為必然的に中途変更を頻発し生産工事は混乱を招き計画は空転した。

生産方法の無理に加えて難点はほかにも発生した。艦本系工作庁を転換して生産に当たらした結果生じた問題は、工作技術精度の点であった。同じタービンとはいっても何千何万トンもの艦船用の大型エンジン製作の造機技術は、航空エンジンの精密度を充たさなかったのである。量産にのみ力を注ぎ過ぎた感もあって、精度不良は検査不合格品を続出せしめた。

横須賀、呉、佐世保、舞鶴各工廠を統制元として、工作機械製造業各社の能力も動員して、二十年上半期に数百台の完成を目指して量産に着手した。

だが材料難、空襲被害、計画変更の多発等悪条件が累積し生産は難航した。独り量産の主力をなした横廠のみが辛うじて成果を挙げる事が出来た。終戦後の横廠引渡し目録（二十年十月十日受付）には「タービンロケット十二台」の一行が記載されている。

他方、民間会社各社も又かねてより噴進機の実用化に取組み、三菱系、日立系、石川島系等夫々特徴ある研究を進めていた。

石川島でその推進に当たった森糾明氏のプリントを引用しよう。

このジェットエンジンが時局を決める唯一の鍵だとして試作と同時に量産計画をたて、昭和十九年の暮石川島は回転機械メーカーとして全面的に「ネー二〇」の量産に邁進せよとの命を受けた。航空エンジンにたずさわっていた他社が、ピストンエンジンの生産に大量で手が廻らないのと、ジェットエンジンは回転機械で技術が異るという理由もあり、全面的に石川島に依頼され当社は船も起重機も全機種をやめてこのジェットエンジンのみに集中した。私はこのエンジンの試作量産に没頭し、二週間程は自宅に帰らぬこともしばしばあったのである。

二十年三月十日の大空襲のショックは今でも忘れられない。たまたま三月九日夜から自宅に居たのであるが、B二九の来襲は九日夜から十日の未明に行われ、私の大久保の自宅は無事であったが、会社（月島・豊洲）は当然やられたと思い豊洲へ向かってテクテク歩き出し、途中は新宿の先から焼野原だったが、月島に近づくと月島、豊洲の第一、第二、第三工場がそのままの姿で立っているではないか。被害のない無事な姿を見て一安心と思いきや、設計室だけが灰になっていたのである。「図面は！」、「資料は！」と叫んだが、勿論それらは跡形もなかった。

それでどうしてあんな立派に石川島がエンヂンの試作を出来たかと不思議に思われるでしょうが、実はこんなこともありはしないかと、当時石川島の独身寮であった洲崎寮（前身は遊郭）の中庭にある土蔵の中に図面・資料一式を複写して入れてあったのである。

二、三日して早速見に行くと、あたり一面焼野原の中にその土蔵だけがポツンと立っている。一緒に行った者が「あっ大丈夫だ。すぐ開けてみよう」と土蔵の扉に触れたので、私が「ちょっと待て、回りの熱風が入る」と停らせ、一週間待つことにした。この処置は非常に適切であったと今も思っている。

仲間連の安否さがしに全力を注ぎ、一週間が過ぎた。周りも大体焼け落ち静まったのを見計らっておそるおそる土蔵をあけてみると図面、資料に全く異常がない。この時のみんなの感激は大変なものであった。

（中略）

割当ては第一工場（月島）で空気圧縮機、第二工場（豊洲）で燃焼機と板金部品、第三工場（豊洲）でタービン部門と総組立という具合に分け、終戦までに五台の試作エンヂンを完成運転（運転は横須賀工廠）し、五十台の部品を流していた。

更に新潟県に新津工場を新設し量産化体制を進めた。又埼玉県比企郡高坂村、唐子村に大規模地下工場の建設工事に着手し、「ネ―二〇」一〇〇台以上を生産準備中であった。

八月一日、この様にして石川島はジェットエンヂン「ネ―二〇」を海軍へ納入した。『ジェットエンジン物語』より。

『昭和二十年六月十日――日立工場戦災記録――』（日立製作所日立工場総務部庶務課編、三十二年十月三十日、同工場発行）を見ると、主要製品の中に航空機用排気ガスタービン過給器タービンロケットの名がある（同書八頁）。

この日午前B29による空襲は一トン爆弾で、タービン工場三六七四坪は全壊し、タービン製作課長以下十六名は殉職した。七月十七日に艦砲射撃を次いで十九日更に焼夷弾攻撃を受け、日立は壊滅し生産機能を失った。

第二章

一空廠飛行機部

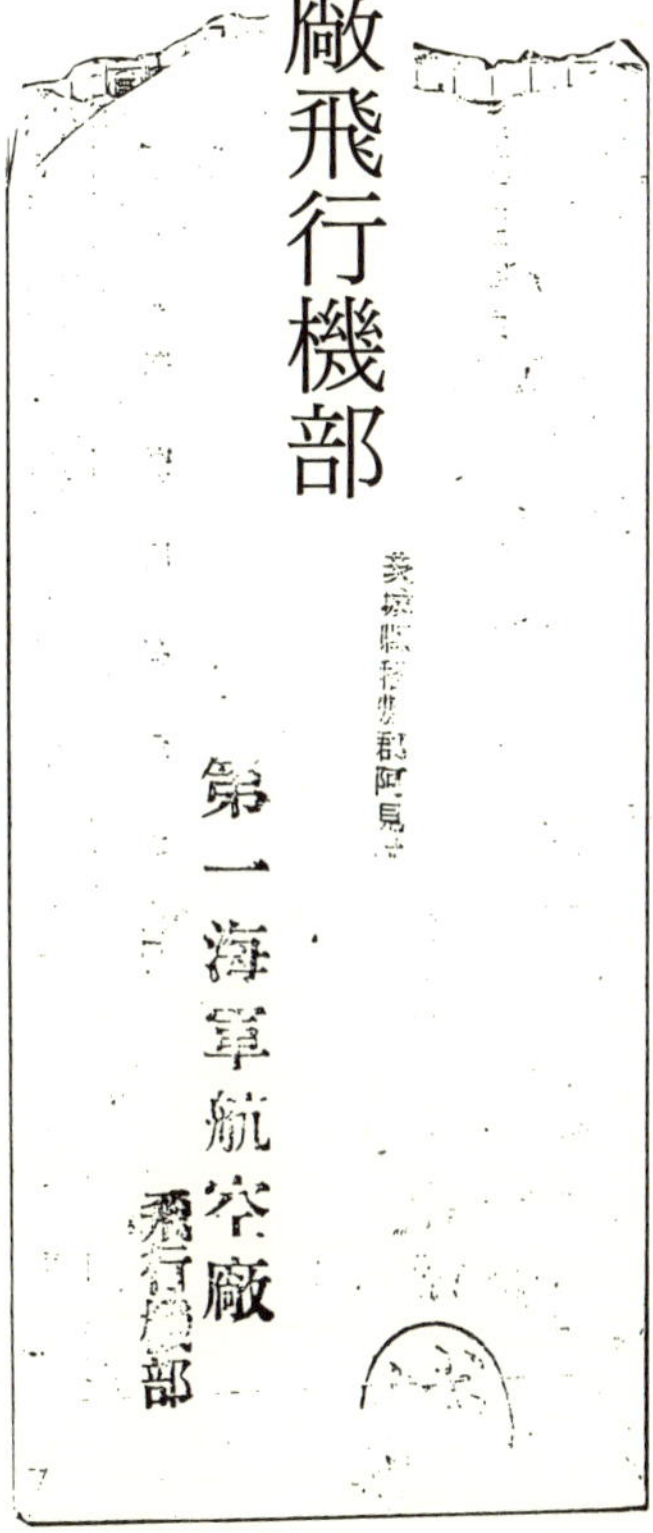

反古紙を裏返して作った封筒

第一節　初空襲を受く

イ　我が迎撃

昭和二十年二月十日マリアナ基地を発進した、敵第七三飛行大隊のB29は五編隊に分れて北上した。一四時一〇分頃より房総半島から霞ケ浦北端に侵入し、土浦上空で針路を西に転じた。中島飛行機太田製作所は、この十四機による初の直接攻撃を受けた。

この頃我が海軍は諸情報徴候を綜合して、数日中に敵機動部隊が大挙来襲する算極めて大と予知した。マリアナ基地の第二〇空軍師団B29もこれに呼応発進する企図も察せられた。

霞ケ浦北方の筑波空（宍戸町＝現友部町）は、二月十五日戦闘可能機を整備すると共に、零戦五二型十三機を急遽《きゆうきよ》中島飛行機小泉製作所より空輸、兵装完備機二十八機（紫電四、零戦二十四）の戦闘準備を整えて戦に臨んだ。

敵状判断は十六日現実のものとなった。数波に分かれた敵艦載機は主として横須賀附近、神奈川県下、東京都下の軍事施設及び飛行場に集中攻撃を加えた。

その一部を以って霞ケ浦附近の軍事拠点を襲撃した。

この朝、一空廠西方の谷田部空（谷田部町＝現つくば市）では、天候晴、気温四・八度、湿度四三％、雲高六〇〇〇米を記録した。

〇七二七（午前七時二十七分のこと、以下同様表記）、十一聯空司令官（十航艦司令長官前田稔中将直属）は北浦、土浦、筑波、谷田部各空司令へ打電した。「予定ニヨリ邀撃配置ニツケ」

これより前、谷空は兵装完備機十九機を以って作戦準備を完了した。そして第一次邀撃戦闘機

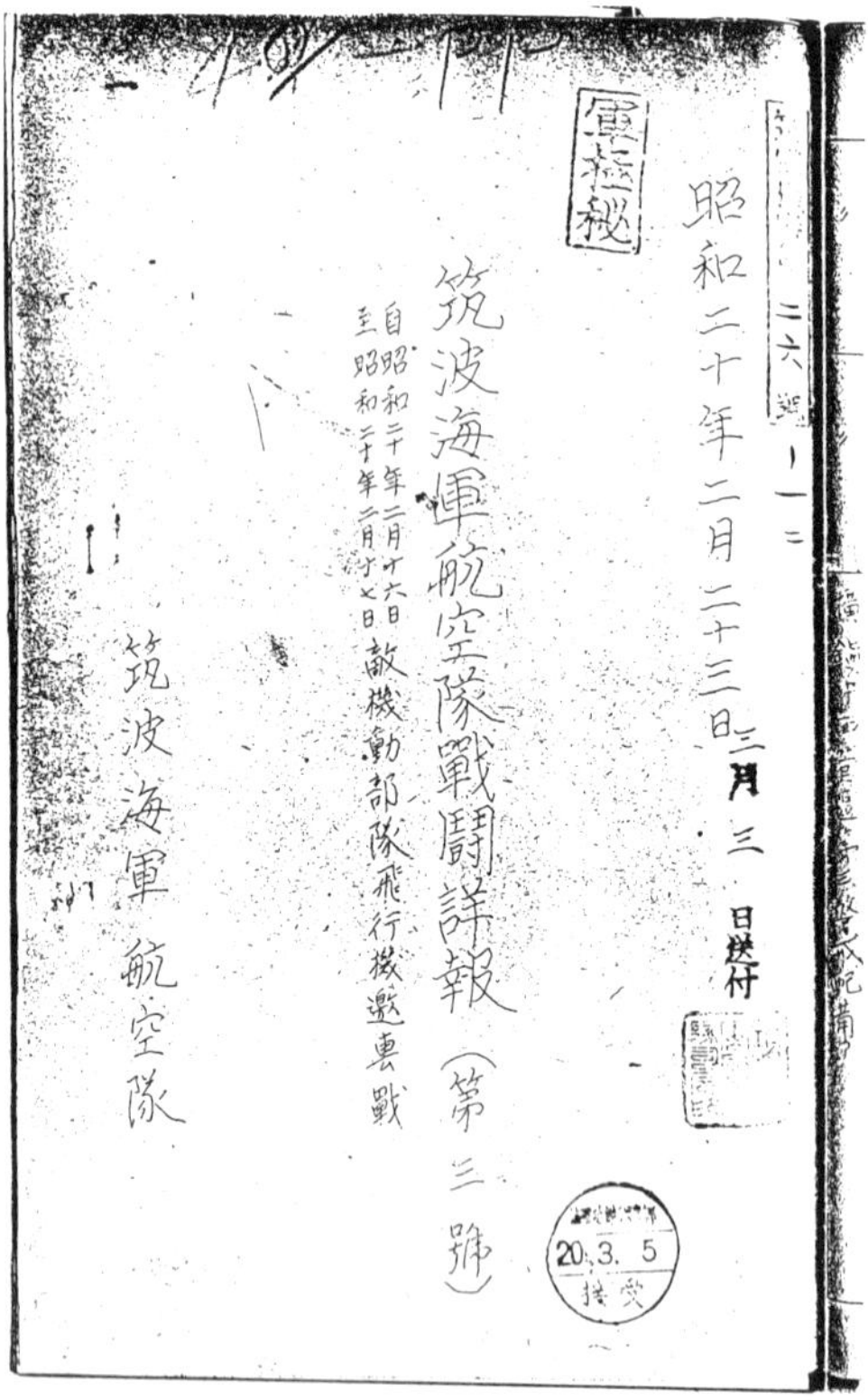
軍極秘
昭和二十年二月二十三日 三月三日送付
筑波海軍航空隊戦闘詳報（第三号）
自昭和二十年二月十六日
至昭和二十年二月十七日 敵機動部隊飛行機邀撃戦
筑波海軍航空隊
20.3.5 接受

筑波空の戦闘詳報

は〇七二〇全機発進していった。
〇九〇五、第二次隊十六機は敵グラマンを発見したが交戦には至らなかった。一一一五、第三次発進隊は神ノ池飛行場北方の上空、高度四〇〇〇米を西北進中のグラマンF6F二十数機と初めて砲火を交えた。この空戦で敵一機を撃破したが、我方は未帰選一機、被弾三機を出した。更に一機は霞ケ浦飛行場、一機は北浦飛行場に不時着した。

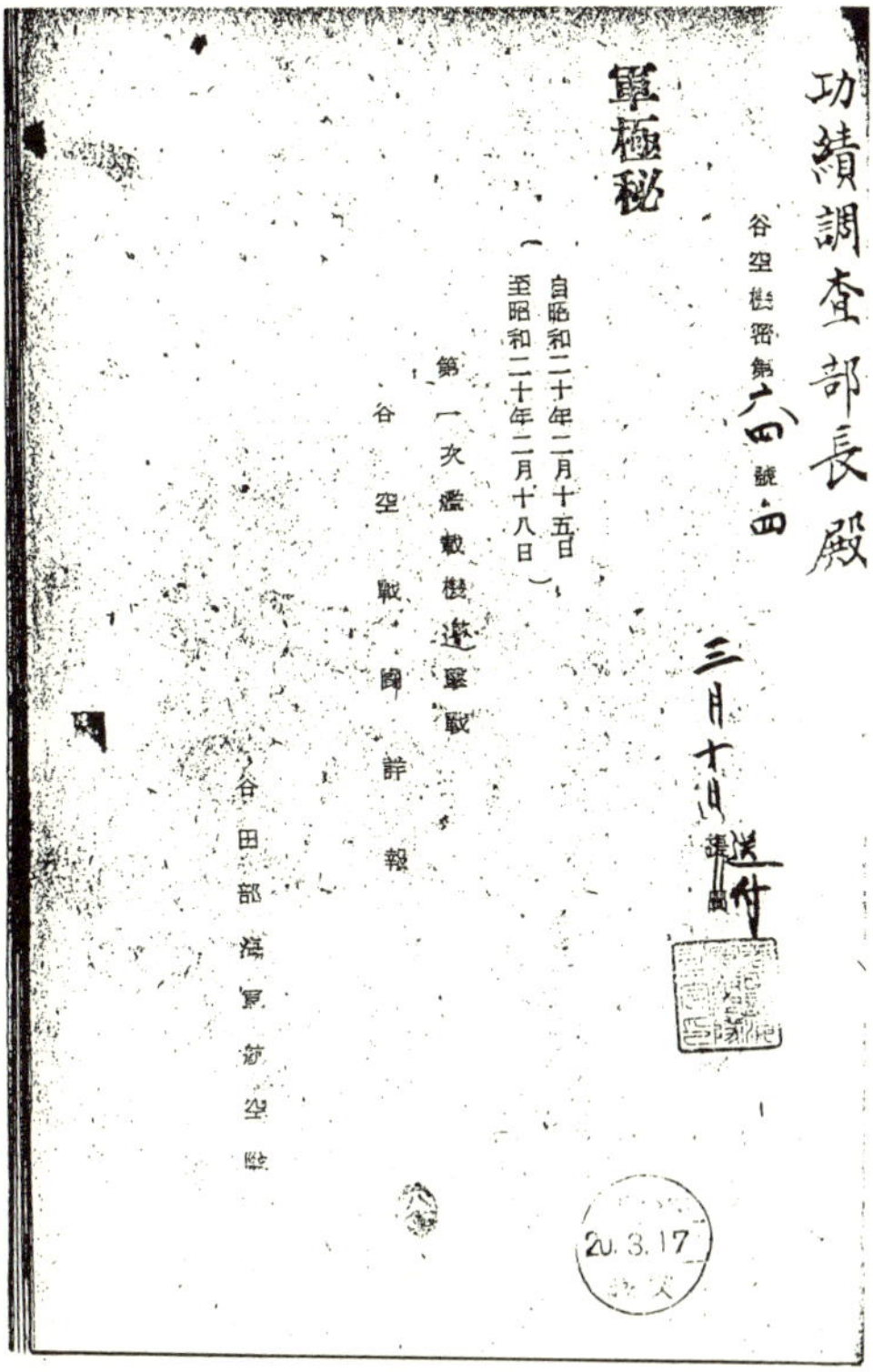
功績調査部長殿
谷空戦密第六四號
三月十八日送付
軍極秘
自昭和二十年二月十五日
至昭和二十年二月十八日
第一次艦載機邀撃戦
谷空戦闘詳報
谷田部海軍航空隊
20.3.17

谷田部空の戦闘詳報

「敵ノ第一目標房総半島尚後続大編隊ナルモノノ如シ警戒ヲ要ス」

横鎮長官は大規模空襲を予想し、摩下部隊に対し警戒態勢を指示した。予測の通り敵機は波状をなして侵入した。

一三〇八、グラマンF6F二機が谷空上空七〇度方向より同空を攻撃した。我が横須賀警備隊霞ケ浦砲台の高角砲はすかさず応戦、弾丸百五十発を発射してこれを撃墜した。一四四〇頃敵機は再び東方より上空に飛来したが、南東に変針退去した。

一五二五、グラマン二十機は編隊を以って、南西方向より一空廠を銃爆撃し東方へ退去した。一空廠初の被爆である。一空廠砲台も又機銃百三十発を発射応戦、一五二七頃一空廠上空にて敵一機を撃破する戦果を挙げた。

ここで廠内被爆の状況に目を移そう。敷地東北隅にある発動機部（部長・緒方明大佐）の発動機防音試運転場（係官・光用《みつもち》千潮《ちしお》技術中尉）は、鉄筋コンクリート造で印刷活字を逆さにした様な外観をしていた。中二階中央に通路があり、その下は田の字型に四基（一〜四号）の試運転台があった。

加登慶男《よしお》技術少尉の下に滝本組（組長・滝本猪八職手）、高橋組（組長・高橋栄吉職手）、黒田組（組長・黒田友三郎一工）があり、終戦時の在籍は四十名であった。

この日は作業始めの後間もなく空襲警報が鳴った。滝本組長は屋上に見張員を上げて監視させていたが、危険を感じて両名を建物北側の待避壕に降ろした。折しも来襲の敵編隊中の一機は、庁舎方向（南西）の上空より急に向を変えてパイロットの顔が見える程に急降下して来た。投下の一弾は運転場南側に落下、外壁のコンクリートがえぐれた程度で半地下の燃料室に待避中の約二十名に被害は無かった。

しかし次弾は東扉の真向い、高射砲陣地側の外周道路との間、「油沸《わか》し所」の所へ落下作裂した。ズシンと大地は揺れ地轟きで体はもち上げられ、周囲に土煙が上がった。

「係官！　係官！　防音が――防音が――」滝本組長は大声で叫んだ。運転場北側壕にいた光用係官はその声が未だに耳にこびりついていると語った。

鉄扉を破った爆風は半地下の燃料室を東から西へ直撃し、室内の人々を薙ぎ倒した。手が千切れて飛び年少工は自転車と体がからみつく等、見るも無惨で凄惨な情景を呈して、検査係四名を含む六名が即死した。

空襲被爆の跡　発動試運転場東側
トタン板横張の個所は扉が吹っ飛んだ

Ｔ二等工員（山形県出身）は両股に重傷を負った。滝本組長は直ちに近くの職場からトラック（救急車なし）を借りて医務部へ運んだ。同工員は両脚を切断手当を尽くしたが、その甲斐なく翌朝息を引取った。同室内でもラッタルの蔭などで死を免れた人もいたほか、少数が負傷した。更に建物北側に仮設した屋外試運転場脇では、行方不明となっていたS二等工員が後に死体で発見された。この為医務部北端にある狭い霊安所は遺体で一杯となった。空襲による戦死者は廠内でも公表される事は無かった。

四十五年後の私の質問に対し、光用元大尉は部下を失った悲しみを〝痛恨の極み〟と声をつまらせた。外周万年塀コンクリート柱（一九糎角）は、何本かは上端が欠損又はえぐられ六十年七月迄建っていた。

大型組立工場（鉄骨造、床面積一八、九〇〇平方米）の北寄りに一発が命中、解体工場側の大扉と外壁ガラス窓が弾け飛んだ。衝撃で幾つもの万力台が屋根骨組の高さ迄跳び上がった。モウモウたる埃ともミジン粉ともつかぬ、煙の様なもので場内は一時見えなくなった。

屋上の監視員は吹飛ばされ翌日窓枠とガラス破片の下から発見された。三月この場所を見た時には、被爆した鉄骨柱を太い松丸太で補強し支えてあった。又場内の不発弾を後日進入穴から発掘したが不明であった。今も地下に眠っている筈だと何人もが証言する。

これより前正午すぎ頃、飛行機部庁舎（RC造二階建）の屋上をかすめて一機が空中分解し乍ら墜落した。第四門の内側へ大音響と共に地面へめり込み、機体は炎上しつつ搭載の機銃弾がパンパンと弾け飛び、消火隊も暫くは手がつけられなかった。

その戦闘機は不運にも味方機で、一〇八一空吉武中尉が敵襲の報に接し零戦を駆って離陸上昇

発動機防音試運転場

中、突然上空より急降下して来たグラマンにより被弾したものであった。後に秘海軍辞令公報の九月七日付甲一九〇五号は「任海軍大尉」と報じた。

戦後㈳白鷗遺族会が発行した『雲ながるる果てに』の、海軍予備学生戦死者名簿第十三期飛行学生の項には、吉武孝20・2・16茨城方面で戦死とある。（三〇六頁）

同日、友軍他部隊も又苦闘を重ねていた。即ち三航艦（司令長官・寺岡謹平中将、司令部・木更津航空基地）六〇一空指揮下にあった一三一空の零戦五機は、〇五〇七即時待機の状態にあり、〇六五〇発進した。一区隊一番機は〇七三〇千葉県八街上空にてF6F三機と交戦、高度二〇〇〇米にて一機を撃破し〇七四〇帰着した。〇八一六再び発進〇八四五神ノ池上空にてF6F四機と空戦。一区隊二番機は〇七〇〇銚子沖二浬にてF6F

二機と空戦、三発被弾し発動機不調の為霞ケ浦飛行場に不時着した。

二区隊一番機はF6Fと交戦、被弾引火墜落し、搭乗員は戦死をとげた。三番機は空戦後霞ケ浦飛行場に不時着、霞空にて新機受入れ帰投、香取基地上空にて降着姿勢に入った所を、F6F六機により超低空にて銃撃を受け引火自爆、搭乗員は戦死した。

第二次邀撃戦零戦三機は〇七四五発進、〇八一〇基地東北方約一三粁、高度三〇〇〇米にてF6F約二十機と空戦、隊長一番機はF6F一機撃墜後被弾引火、落下傘降下するも全開せず戦死した。

二番機は空戦被弾引火、落下傘降下し搭乗員は無事であった。三番機は発動機不調の為、神ノ池飛行場に不時着し機体は大破したが、搭乗員は軽傷であった。

一方、六〇一空零戦隊二十機はこの朝〇九一五、岩国基地を発って移動し息つく間もなく邀撃戦に発進していった。

一区隊一番機、野田附近にて空戦、霞ケ浦飛行場に不時着（一三一〇）
〃　二番機、野田附近にて空戦、被弾引火墜落戦死（一三〇〇）
〃　四番機、霞ケ浦附近にて空戦被弾引火、稲敷郡柴崎村に墜落搭乗員戦死（一三二〇）
二区隊二番機、霞ケ浦附近にて空戦、搭乗員落下傘降下軽傷（一三一〇）
〃　三番機、霞ケ浦附近にて空戦、被弾引火墜落搭乗員戦死（一三三〇）

〃　四番機、野田附近にてＦ６Ｆ八機と交戦、霞ケ浦飛行場に不時着（一三二〇）

このほか二機も霞ケ浦飛行場に不時着した。

又、〇九四〇索敵攻撃に発進の彗星艦爆六機は、敵機動部隊を発見したが四機は未帰還、二機のみが香取基地に帰着したのであった。

この日の敵艦載機はグラマンＦ６Ｆ、ヴォートシコルスキーＦ４Ｕ、カーチスＳＢ２Ｃ、グラマンＴＢＦで、〇七三〇乃至一六〇〇の間、七次に亘って来襲した。主力を以って鹿島灘、九十九里浜方面より、一部は白浜、下田附近より本土へ侵入した。

第一波は約九十機、第二波約九十機、第三波約百機、第四波約百二十機、第五波約九十機、第六、七波約四百五十機であった。空襲警報が解除されたのは一七一八、夕暮れ迫る頃一日の戦いは終わった。

この様に霞ケ浦上空一帯の空戦は凄絶を極め、正に血戦場の様相を呈していたのである。

大本営は一八時二〇分、次の発表を行った。
一、有力なる敵機動部隊は我近海に現出し其艦載機を以って本二月十六日七時頃より一六時過迄の間主として関東地方及静岡県下の我飛行場に対し波状攻撃を実施せり　我制空部隊は之を各地に邀撃し相当の戦果を収めたり
二、戦艦及航空母艦を含む三十数隻よりなる敵艦隊は本二月十六日早朝より硫黄島に対し艦砲

元大本営

射撃を実施中なり
横鎮長官も又二三四〇、部下一般に、

「敵ハ硫黄島上陸ヲ企図シアル事略確実ナリ」

との電報を発した。

同じ日、中島飛行機太田製作所も又、終日米艦載機の攻撃を受けた、と太田市史は記している。

敵機動部隊による襲撃は翌十七日も続き、早春の空を朱に染めた。

そして二月二十一日の朝日新聞茨城版（二頁）には次の記事が載った。

カーチス一機　霞浦湖中に撃墜
淡青色に塗られた機体、胴体の一部に鷲のマークが附され、後部搭乗席の後には二聯装一二・七ミリ機銃両翼に機関砲の銃身が覗いてゐた。

ロ　敵側の戦闘報告

米国海軍第五十八機動部隊は、五群より成る大規模作戦部隊であった。『ニミッツの太平洋海戦史』によれば、その陣容は正式空母七、軽空母八、戦艦七、巡洋艦二十一、駆逐艦六十九隻から成り、搭載機八百九十一、水上機六十五機を擁した。

来襲は関東地区全域に亘り早朝より終日続いた。霞ケ浦攻撃の米海軍機戦闘報告書を次に掲げる。

この報告書によれば、敵艦載機は房総半島鴨川の南約一〇〇粁、伊豆三宅島の東約五〇粁の太平洋上から発進した。

一空廠への攻撃は第二目標であったにせよ、任務を以って遂行された爆撃であって、通りすがりでない事は明瞭である。そして霞ケ浦基地の一部として考えられ、一空廠として独自に認識されてはいない。

この空襲で味方戦闘機は少なからぬ損害を出した。だがその活躍で敵機二十機中、地上攻撃に廻ったのは三機にとどまり、投下ロケット弾は六発であった。

DECLASSIFIED

CONFIDENTIAL

ORIGINAL

ACTION REPORT

COMMANDER TASK GROUP 58.4
(COMMANDER CARRIER DIVISION 6)

SERIAL 0112 1 MARCH 1945

ACTION REPORT - 10 FEBRUARY 1945 TO 1 MARCH 1945

A MAJOR REPORT ON AIR SUPPORT
FOR IWO JIMA LANDINGS

VOLUME 2 OF 3 VOLUMES

110852

6

航空機戦闘報告書

I　概要

(a)報告部隊　第三戦闘爆撃隊　(b)原所属米国軍艦ヨークタウン　(c)報告番号　4
(d)発進年月　1945年２月16日　時刻（グリニッチ標準時間）14時24分
（地域）　緯度　北緯34°14′　経度　東経142°12′
(e)任務　霞ケ浦飛行場、東京7-A攻撃　(f)帰投時刻　18時14分（地域）

II　本報告による我が軍機の職務範囲

型式	飛行中隊	数			搭載爆弾と魚雷	装着信管
		発進	交戦敵機	攻撃目標		
F６F５	第３戦闘爆撃隊	13	6	9	65ポンド通常ロケット弾	基地装着
同	同	6	6	6	なし	
F６F５	第３戦闘機隊	1	1	1	なし	

III　本作戦に従事せる他の合衆国機若しくは連合国機

型式	飛行中隊	数	基地	型式	飛行中隊	数	基地
SB２C－４	第３爆撃機隊	15	米国軍艦ヨークタウン				

IV　発見若しくは交戦せる敵機（IIにのみ記載せる我が軍機によるもの）

型　式	発見数	わが交戦機数	遭遇時刻	遭遇地点	搭載爆弾、魚雷認識せる火器	迷彩と印

16時５分から16時50分の間、霞ケ浦飛行場上空の戦闘で、凡そ24機の敵戦闘機隊と交戦した。内訳は零戦数機、隼数機、零戦32型数機、雷電１機。それらはすべて標準的な緑褐色をしていた。更にDP地区哨戒線の近くで、同様な塗装の天山を一機撃墜。

(h)明白な敵の任務　妨害

(i)妨害場所は雲中で起ったか。否　若しそうなら雲状を詳しく記せ。

(j)時間帯と太陽又は月明度　日中　　　(k)可視度　15マイル

V　空中で駆逐若しくは損傷せしめた敵機

敵機型式	駆逐若しくは損害を与えた				攻撃場所・高度	判明損害
	飛行機型式	飛行中隊	操縦者若しくは射手	使用銃砲		
飛燕	F6F5	第３戦闘爆撃隊	指揮官F.E.ウォルフ大尉	0.5インチ砲６門	操縦席－エンヂン	撃墜
隼	〃	〃	W.C.ロビンソン少尉	〃	胴体－５　上部	〃
飛燕	〃	〃	F.T.シャリア少尉	〃	エンヂン－横	〃
〃	〃	〃	D.R.ボアジソン少尉	〃	操縦席－胴体	〃
〃	〃	〃	〃	〃	胴体５－７、上部	撃破
零戦32型	〃	〃	W.B.マックレロイ大尉	〃	〃	撃墜
隼	〃	〃	S.F.ベイヤク少尉	〃	翼のつけ根	〃
〃	〃	〃	R.E.イッグリッシュ大尉	〃	下側部　８　低部	不確実
〃	〃	〃	〃	〃	操縦席－翼　取付部	撃破
零戦	〃	〃	W.J.ガンボニー少尉	〃	エンヂン－翼　８　低部	不確実
天山	〃	〃	N.マックリーン少尉	〃	胴体　４　レベル	撃墜
零戦	〃	〃	T.H.ムーア及B.E.アンドリュー中尉	〃	翼のつけ根、エンヂン	不確実
飛燕	〃	〃	B.E.アンドリュー中尉	〃	胴体　４　レベル	撃破
零戦	〃	〃	S.ソルバーガー大尉	〃	翼	〃
〃	〃	〃	〃	〃	胴体　６　低部	〃
飛燕	〃	〃	〃	〃	尾翼及胴体	〃
雷電	〃	〃	A.R.チャンバース中尉	〃	エンヂン上部	撃墜
隼	〃	〃	〃	〃	胴体　３　低部	撃破

VI　戦闘若しくは作戦上の我が軍機の損失又は損害

航空・機 我が軍の型式	飛行中隊	理由、敵航空機の型式、銃砲型式若しくは作戦上の理由	攻撃された個所、角度	損失若しくは損害の程度
F 6 F 5	第三戦闘機隊	飛燕発射の12.7㎜弾による命中	尾部、胴体横、左翼	外板被弾、隔壁切損、丸翼フラップ損傷
F 6 F 5	第三戦闘爆撃隊	敵機発射の12.7㎜弾による命中	左翼及び胴体	左輪タイヤパンク、ブレーキ破損、油圧及び電気系統破損

VII　個々の死傷者（IIにのみ記載された機で、左の番号によりIVに記載された機と共に確認すべし）

No.	飛行中隊	氏名階級　若しくは等級	原　　因	状況又は状態
	なし			

VIII　帰還機に関する航続距離、燃料及び弾薬資料

航空機型式	往路マイル	帰路マイル	平均滞空時間	平均搭載燃料	平均消費燃料	消費弾薬合計				帰投機数
						.30	.50	20MM	MM	
F 6 F 5	129	183	3.8	400	280		13,475			20

IX　遭遇した敵対空砲火

口	径	なし	小	中	強
重量－時限信管付砲弾	75㎜及び以上		×		
中量－衝撃信管　薬莢	20～50㎜			×	
軽量－機関銃弾	6.5～13.2㎜		×		

X　性能比較、我が軍機と敵機　（左のチェック表を使用せよ）

種々高度に於ける
速度、上昇性能
旋回性能
急降下性能
上昇限界
航続距離
防禦性
武　装

敵の戦法で上昇力や旋回等についての比較はできない。敵は縦横の操縦をして見事でさえある。蛇行飛行はとても鋭く、F6Fでは追いつけない。対戦した零戦（32型）と隼の速度は遅い。少くとも２回の体験においては、ロケットと腹部にタンクを付けたF6Fでもこれらの飛行機よりも速い。零戦（32型）の最高速度は高度7000フィートで約240と思われる。

XI　敵艦船又は地上目標に対する攻撃（IIにのみ記載された我が軍機による）

(a)目標及び位置　霞ケ浦飛行場（NO.22）　(b)目標上空時間　16時5分－16時50分

(c)目標上空雲状　14,000フィートに点散、約0.4

(d)目標視界　明瞭、かすかなもや　(e)視界　10－15マイル

(f)爆撃戦術　爆撃せず　　　　　使用型式

爆撃の数 ＿＿＿＿ 範囲 ＿＿＿＿ 降下高度

(g)地上命中敵機数　　撃破 0　大破 0　損傷 0

目標地点	数量若しくは機数	攻撃機No. 飛行中隊	版弾及び 各攻撃目標に対し使用せる	目標点への命中数	損害（なし、軽度、撃破、撃破又は撃沈）
霞ケ浦飛行場格納庫		3 第三戦闘爆撃隊	ロケット弾6発	不明	未確認

(o)結論

1部隊からの3機が霞ケ浦の格納庫に機銃掃射及びロケット弾攻撃を行った。火災及び迎撃の恐れの為、損害を観察する事は出来なかった。

米国軍艦ヨークタウン1945年2月16日戦闘報告書を参照せよ。

(p)写真確認を行ったか、なし 損害の写真を確認したらステープルで貼り付けよ。

XII　戦略及び作戦記録（左のチェックリストの適切な項目に従って戦闘の状況説明と意見を漏れなく記述し、批評を自由に具申せよ。必要ならば用紙を追加して使用せよ。）

会敵
我が空軍
敵空軍
批評と勧告

攻撃
我が戦法

ウォルフ大尉に指揮された本攻撃は、当初小泉、太田工場が対象だったが発進が遅れた為、長距離の飛行には時間が足りないので、第２目標である霞ケ浦の造修工場に目標が変った。詳細についてはVBレポートを参照されたい。飛行機は３機を除いて敵機との交戦に忙しかった為、工場を攻撃する事ができなかった。ムーア中尉の編隊の３機は、機銃掃射及びロケット弾攻撃をしたが、戦果を見ることはできなかった。

敵機の迎撃は目標に接近して行く時、及び退避して行く時に最も激しかった。爆撃機の上空には常に最低２編隊が飛行していた。日本軍の迎撃はいつも同じ方法で、１機だけ高い高度から降りてきて、我々の編隊へ入り込んだ。最も接近した時は敵と100〜200ヤードの距離だった。チャンバー中尉が雷電の後尾についた時、飛燕がチャンバー中尉の上空にきていた。ウォルフ大尉は飛燕がF6Fに機銃を掃射してるのを見て、方向転換をして飛燕のエンジンと操縦席に機銃攻撃を加えて撃墜した。大抵、迎撃機は１機だけだったので、す早い操縦にも拘らず、撃墜するのは難しい仕事ではなかった。ジグザグ飛行が、日本の飛行機に最もよく使われた飛行法で、そして唯一の防禦方法でもあった。

敵の防禦
作戦上

迎撃戦の最中のある時、ウォルフ大尉は飛燕が１機自分に向って突進してくるのを見た。ウォルフ大尉は機銃掃射し、飛燕は爆発した。飛燕から黒い物体とパラシュートが放たれるのを見た。黒い物体は明らかにダミーパイロットであった。このダミーパイロットには東京作戦の時、もう一度遭遇することになったが、飛燕はウォルフ大尉に向ってくる途中、機銃掃射する機会があったにも拘らず、掃射しなかった。パニックに陥ってる国の未経験なパイロットとの印象を受けた。

１枚目の戦闘報告書は晴々しいが、これは飛行訓練の成果であった。爆撃機隊はいつも良好であったが、戦闘機隊は飛行中分解してしまう事があり、編隊に追いつくのにも時間がかかりすぎた。熟練したパイロットを相手にした場合、これは重大な問題だった。戦闘機隊の飛行場攻撃をする時は、爆撃機隊が先ず攻撃し、急いで海上へと引返した。護衛機は引返さずに迎撃機の相手をした。指揮官マックブライアー大尉の部隊のオーアバッハ少尉機が、霞ケ浦上空でエンヂントラブルを起した為、マックリーン少尉はオーアバッハ少尉の後方について、空母まで護衛する事になった。駆逐艦のレーダー監視区域を越えた所で、天山が水上を180ノットの低速で駆逐艦に向っているのにマックリーン少尉は気づいた。マックリーンは天山に向って射撃し、天山はコントロールを失い海中にバラバラになった。天山が何を積んでいたのかは、マックリーン少尉には判らなかった。

霞ケ浦地域の火災は中程度のもので、飛行機や工場の周辺約1.5マイルの範囲に生じた。大爆発も２、３回観察された。我が方の飛行機に損害はなかった。

Grumman F6F Hellcat

F6F-1 to -5 Hellcat

Origin: Grumman Aircraft Engineering Corporation.
Type: Single-seat naval fighter; later versions, fighter-bombers and night fighters.
Engine: Early production, one 2,000hp Pratt & Whitney R-2800-10 Double Wasp 18-cylinder two-row radial; from January 1944 (final F6F-3 batch) two-thirds equipped with 2,200hp (water-injection rating) R-2800-10W.
Dimensions: Span 42ft 10in (13·05m); length 33ft 7in (10·2m); height 13ft 1in (3·99m).
Weights: Empty (F6F-3) 9,042lb (4101kg); loaded (F6F-3) 12,186lb (5528kg) clean, 13,228lb (6000kg) maximum, (F6F-5N) 14,250lb (6443kg).
Performance: Maximum speed (F6F-3, -5, clean) 376mph (605km/h); (-5N) 366mph (590km/h); initial climb (typical) 3,240ft (990m)/min;
continued on page 232

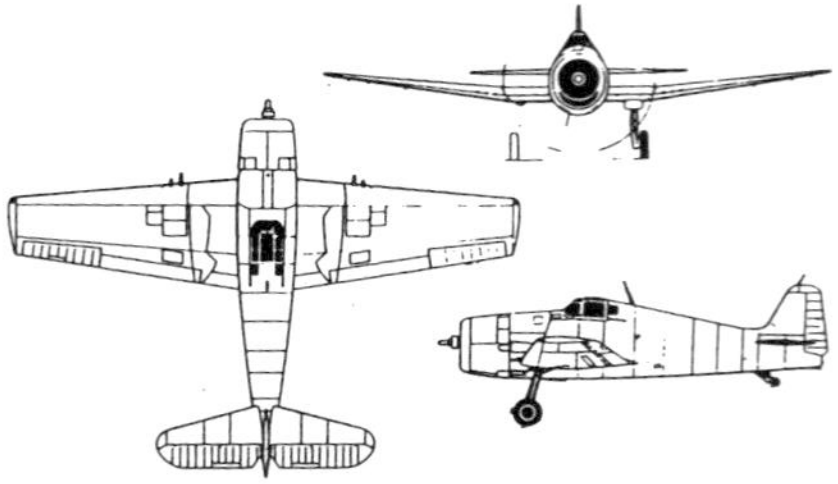

Above: Three-view of F6F-3; later -3 had vertical mast.

グラマンF6F　仕様と三面図

又報告書には建物等地上施設についての記入欄がなく不明瞭である。火災や爆発との記述は事実と相違しており、更に機種についても陸軍機の名称が多く、認識混同の感がある。

同日、一空廠の西方約一〇粁、高層気象台（筑波郡小野川村大字館野長峯番外九番、台長・抜山大三技師）での気象観測記録は左の通りであった。

	午前六時	午後二時
雲量	一〇	四
雲形	積層雲	巻雲、積雲、高層雲、高積雲
風速	〇・八	一・五
風向	北北東	南東

第二節　マルテンに結集

イ　Z旗の戦場

一空廠（廠長・西岡喜一郎少将）は殆どが周囲を万年塀で囲み、要所に門を設けて番号を付した。庁舎前正門は第一門、その西方荒川沖駅寄りの第二門（左側門柱は民有地となった頃破壊され、残った右側も五十年頃とり払われた）、右籾側の三門、一門の東飛行機部庁舎前の四門をはじめ、二門を直進した北端第九寄宿舎口の九門が外界を区切っていた。

常磐線の列車が荒川沖駅に着く度に、吐き出される出勤者の群は帯状となって二門迄連なった。一般工員は門左側の小さな通用口を入って、札場《ふだば》で入場捺印する。カードをカード差しへ差し込む。下《お》ろし幅が広いので若干時間を要し、ここで人々の流れは滞った。学徒にはカードがないので広い門を真直ぐ入って夫々の職場へ向かった。

構内の電柱にはトランペット型のスピーカーが電柱毎に設置してあって、出勤時間には必ず曲

『勝利の日まで』が流されていた。歩調は自然と力強く足どりは軽くなったのである。二門通り左側の塗料倉庫前、そこを右折した会計部通り右側には「サッサと歩け」の立札が路側に立っていた。

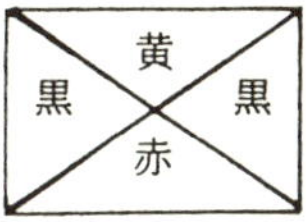

Z　旗

明治三十八年五月二十七日午後二時四分旗艦三笠に左舷転舵の命は下った。

この時艦橋高くひらめいたのが「皇国の興廃この一戦に在り各員一層奮励努力せよ」のＺ信号旗であった。

勝利の日まで

作詞　サトウハチロー
作曲　古賀　政男
歌　　霧島　昇
東宝映画『勝利の日まで』主題歌

一、丘にはためくあの日の丸を
仰ぎ眺める我等の瞳
何時かあふるゝ感謝の涙
燃えて来る来る心の炎
我等はみんな力の限り
勝利の日まで勝利の日まで

二、山で斧ふるおきなの腕も
海の若者櫓を漕ぐ腕も
町の工場の乙女の指も
今日も来る来るお国の為に
我等はみんな力の限り
勝利の日まで勝利の日まで

三、雨の朝も吹雪の夜半も
思ふは一つただただ一つ
遠い戦地と雄々しき姿
浮かび来る来るほほえむ顔が
我等はみんな力の限り
勝利の日まで勝利の日まで

四、空に飛び行く翼に祈り
沖をすぎゆく煙に誓ふ
国を挙げてのこの戦に
湧いて来る来る撃ちてし止まん
我等はみんな力の限り
勝利の日まで勝利の日まで

各職場に到着して程なくするとラッパが鳴る。一日の始まりである。全員整列し職場長の号令で朝礼が行われる。

（全員唱和）　吾ラノ職場ハZ旗ノ戦場ト同《おんな》ジダ
仕事ノ段取リハ良イカ
□（一行忘却）
今日一日皆《みん》ナ元気デ頑張ルノダ
（職場長）　廻レ右（発明考案班の場合）
（スピーカー）宮城遥拝
（　〃　）最敬礼
（　〃　）直レ
（　〃　）作業ニ掛レ

そして一一時二五分になるとラッパは、
「手ヲ洗へ、手ヲ洗へ」
同三〇分（午前止業）、
「作業止メ」

作業やめ

を伝えた。正午の「作業始メ」の旋律は「あきらめて作業に掛かれ！」と聞えたのであった。

昼休中スピーカーは報じた。

「昨日ノ出勤率ヲ知ラセル。一番医務部一〇〇%、二番総務部九八%、三番会計部九〇%、以下兵器部、発動機部」といった具合で、最下位は大抵飛行機部か補給部で八〇%台を割る事が多くなった。

「海軍体操」は当時の中等学校で採り入れて授業に織り込んでいる所が多かった。「一空廠体操」もこれに似た内容で、始業前各職場で実施された。

「一空廠体操」

ソノ場跳ビ

腕ノ屈伸上横前下

ヒザ屈伸浅ク深ク

腕ノ振

前回旋ヲ加ヘル

腕ヲ

跳ンデ脚開キ頭ノ運動

ロ　廠内の体制

十九年来生産の特攻機「桜花」は実効が挙がらず、二十年の春に一空廠でもその生産を打ち切った。飛行機部長篠田忠敬大佐は新製機「橘花」の生産を命じ、新たに第四工場が編成された。工場は廠外に疎開工場を分散配置してスタートした。これは先の二月空襲が桜花工場に向けられた事を教訓に、攻撃目標から避ける意図があったと思われる。そして長期戦に備えた本格生産は、福原地下工場へと発展してゆく。この頃の飛行機部体制は次の通りであった。

部長　篠田忠敬大佐
検査主任　平出貞夫中佐
工務主任　小川正道技術大尉
作業主任　阿部一郎技師
第一工場主任　浅岡朝雄技術少佐　機械加工、鍛造、熱処理、鍍金、防蝕等
第二工場主任　同　治具設計、製作
第三工場主任　大島直義技術大尉　現用機修理改造　被弾機その他の補修
第四工場主任　藤原成一技術大尉　新製

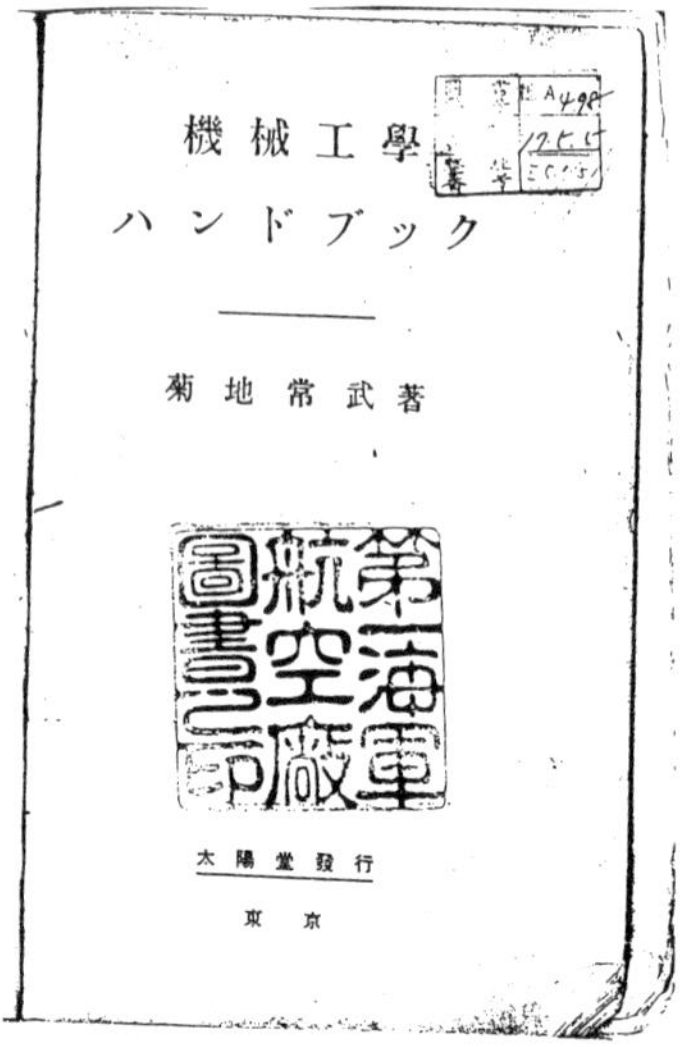

橘花の中島との分担生産については前述した。第四工場では各生産部門を以下の様に担当した。

前部後部胴体　国思隊（隊長・柳田清一郎技術中尉）
尾翼　誠心隊（隊長・山口耕八技術中尉）
鉄部品　鉄心隊（隊長・矢田部厚技術中尉）
外翼　防人隊（隊長・細井一男技術大尉）

第二工場の宇都野弦技術大尉は、胴体、翼組立治具や組立用ゲーヂの製作を指揮した。大型プレスによるジュラ部品の打抜成型並びにこれら治具は後述する各隊の生産に著しい貢献をした。翼は胴体との結合部の互換性が重要な課題となり、何度か打ち合わせがもたれた。また胴体の結合部の互換性も同様であった。翼の組立で苦労したのは、メーンビームであろうエセクションしたビームであるが、翼端にゆくにつれねじれていて、加工する機械が無く、中島飛行機に依頼しなくてはならず、完成品を小泉と霞ケ浦の間を空輸したのを覚えている。空輸中何度か恐い思いもした。（同大尉）

そして橘花設計部門は稲敷郡朝日村第三国民学校（朝日村荒川本郷一四〇〇番地、大津祐四郎校長）へ疎開した。常磐線荒川沖駅から東南へ約二粁程の所、校舎は鉤の手に十二教室と職員室、それに宿舎、物置、体操具置場があり、校門右手の樹齢四十五年の大欅が印象的であった。

ここでは空技廠時代からの古手川村勇七技手が主務となって、橘花の設計製図を担当した。設計と生産が並行して同時進行するという方式の下では、図面上の訂正変更が多発した。六月一日に任官した眞乗坊隆技術大尉（航空機体専攻）はこの部門を指揮する事となり、図面上の細かい打ち合わせ連絡の為、しょっちゅう小泉へ出張した。そこでよく会ったのが小泉側設計チーフの平野快太郎技師であった。

この学校にはプロペラ工場が疎開同居していた。指揮官杉山文郎技術少尉の下に湯原組長、その下の各班が修理修業を行い、土浦中学の動員学徒も配属されていた。機械設備は三〇〇屯程の油圧プレス、油圧ベンダーや油圧ねじり機等合計六～十台程、定盤や仕上げ関係の治工具等で、作業はヂュラルミン製のプロペラブレードの修理が主であった。

第三節　第四工場国思隊

イ　土浦高女四年一組

茨城県立土浦高等女学校（中山泰三校長）三年生（五学級）にも学徒動員の日が来た。戦況我に利あらず、昭和十九年十月十日学業を中途でなげうって一空廠の門をくぐった。一同には新築の女子寮第九寄宿舎南側の二階建が割当てられた。夜十時になると若い少、中尉の舎監と泊り込んだ教師が舎内を見巡った。

国策とはいえ男子禁制の深窓から種々雑多な大人達の社会、中には荒くれ工員も働く職場に混ざっての作業は、学徒にとって初めての経験であり、全く大変な出来事であった。だから、

「一つとや　人も嫌がる一空廠　むりやり押し込む　文部省」

などというザレ歌も人づてに伝わった。

生徒達は養成班と教育班でタガネを使った鉄板切断、アルミ板絞り、キサゲ削り等一通りの基

礎訓練を受けた後、各現場へ分散配属された。三年一組は大型組立工場で特攻機桜花（通称大《マルダイ》）の製造に携り、やがて二十年二月十六日、敵艦載機による初空襲の洗礼をうける。

敵機は突如襲って来た。指定防空壕迄退避が間に合わず近くの高射砲台下の壕に入った処、爆撃を受け半分位土に埋もれた学徒もいた。警報解除後に職場へ戻ると、担当の万力台から余り遠くないコンクリート床に摺鉢状の大穴があき、別の万力台は半分になって工場の屋根裏に引掛かっていた。そして爆風で吹飛ばされた屋上監視員・年少工の犠牲者を目のあたりにした。

爆撃は廠内各所に及び烹炊所も被害を受けた。為にその晩は乾パン一袋、以後三食は乾パン、後一週間は毎日カレーうどんという体験も味わった。

又、重い飛行機を手押しで工場からやっと掩体壕へ入れた時には、早くも敵機は来襲し自ら退避のいとまもなく、咄嗟に壕の土手へ体を伏せた。その途端に機銃掃射を受けた事すらあった。

こうした死線をくぐって、学徒達は一人前の産業戦士に育ち学年も四年生に進級していた。

それでも「暑い日射しの中をゲートル巻き戦闘帽姿、又は白いブラウスにモンペの諸先生方が巡回して来られると、何かとりすがりたい様なつかしさと親しさで胸も一杯になる」（所立子、『会員名簿・創立五十周年記念号』、一九五五年五月、茨城県立土浦第二高等学校尚絅同窓会発行、一二頁）時もあったのである。

茨城県立土浦高等女学校校歌

一、雲井に仰ぐ筑波嶺の
松の緑を操にて
学びの窓に朝《さ》な夕な
学と徳とを修めつゝ
いざやつとめむ　いざいざ
我等に女性の使命あり
大詔勅かしこみて
御民生さむ君のため

二、空を涵《ひた》せる霞浦の湖《み》の
広きを己が心とし
学びの庭に月に日に
才と能とを磨きつゝ
いざやすゝまむいざいざ
我等に女性の任務あり
教へのまゝにいそしみて
家を治めむ国のため

三、清き流れの名に因む
桜の花をかゞみにて
倦まず撓まず程々に
心と身とを鍛えつゝ
いざや励まむいざいざ
我等に女性の自覚あり
胸に秘めたる雄心を
ひたに捧げむ御代のため

四年生担任教師名

一組　塚原　義隆
二組　平野　みつ
三組　鈴木房次郎
四組　渡辺　まつ
五組　岡田　啓二

ロ　白百合職場

第三門を出た道路は、右にガスタンク、第一寄宿舎を見ながら北へ延びた。精進川を渡り小岩田の坂を上る。その先を左折した凹地に工場があった。東西と北を小高い丘に囲まれたこの場所は、疎開には絶好の地形であったが、全く不便な山の中だった。

二十年四月この工場に配属された四年一組の生徒達は、はじめガックリして椅子に座ったままであった。ここを指揮する隊長・柳田清一郎技術中尉は、元来明るい性格の持主であった。工場運営は気持よく明るく、そして全員が一生懸命愉快にやろう。それによって生産効率を上げよう。それには工場の雰囲気作りこそ焦眉の急と隊長は考えた。そこで先ず工場名を募集しようじゃないか、と発案した。職場全員から早速公募して、白百合、ニコニコ、朗職場と決定命名した。

環境整備も同時に始まった。憩いのベンチも設け松の技に花入れを結わえ、百合を植えて花壇作りも進んだ。二本松が聳える丘を若草山と名づけ立札を立てた。士気は上がった。本廠内では竹槍訓練に励んでいる頃、この職場では山羊を飼い午休みになると唄声が聞こえる様になった。

職場の副隊長は若尾憲夫技術少尉で一空廠着任は二十年三月、本廠で治具設計の後五月国思隊配属となった。六月には山本健一見習尉官が赴任し、甲板士官（風紀、規律取締）となり八月一

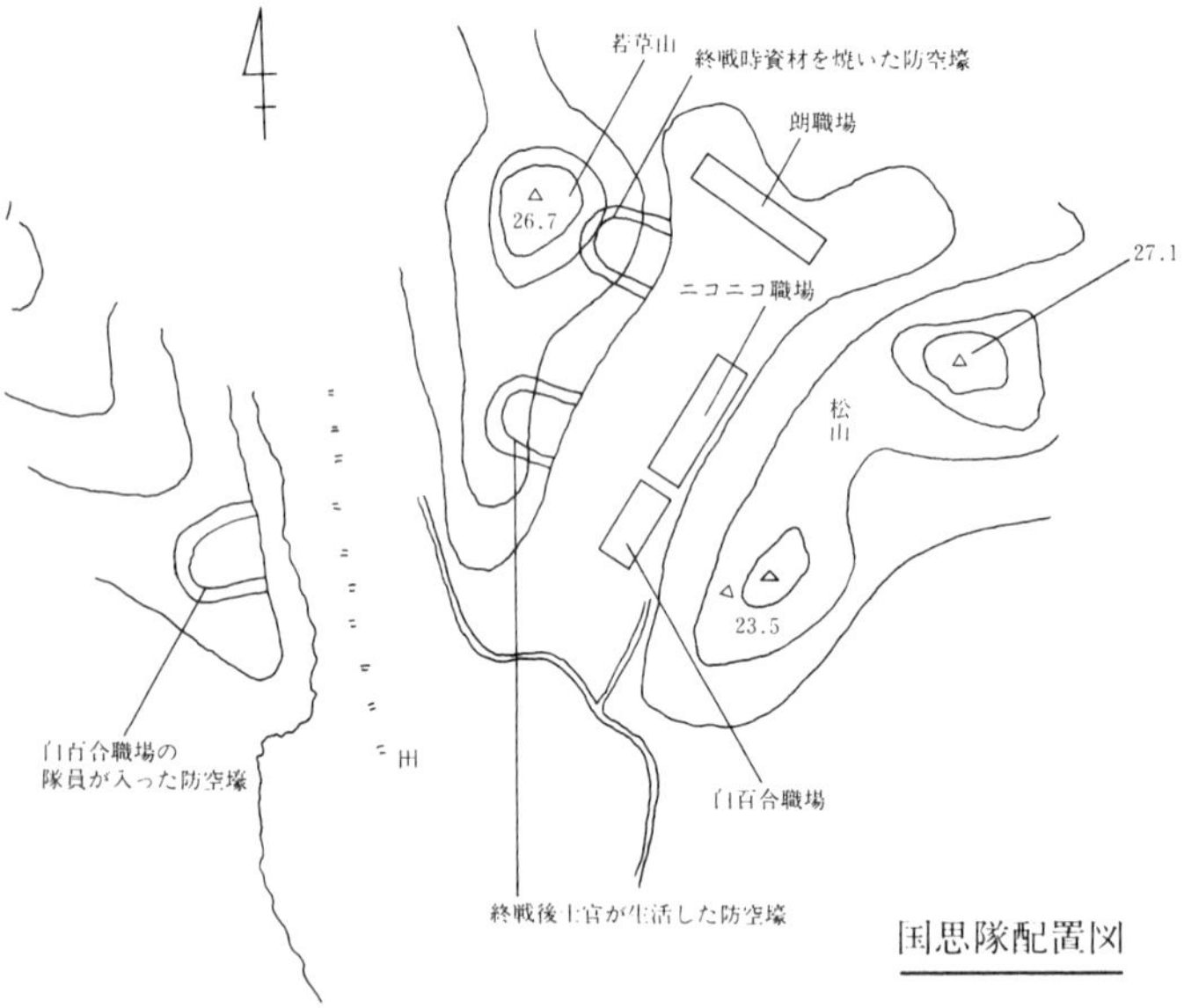

国思隊配置図

日技術中尉に任官した。小見山綱雄海軍委記技術学生（東北帝大工学部）は、角帽に学生服姿であったが襟に錨のマークを付けていた。

国思隊には高野班長の下に五名の組長（東、橋本、吉田ほか）と工員約四十名、土浦高女生約五十名、土浦国民学校高等科二年生約四十名、ほかに工作兵約二十名が所属した。この内、白百合職場には土浦高女第五班の十名と青島胞吉工員がいた。渡辺学徒は事務所で橘花の青図のトレースを丹念に行った。陽に当たると図面の色が薄くなるので、複写機がないその当時手書きで第二原図を残したのであった。又事務担当は中島組長のほか鈴木昌子準備員ら約四名で、赤行嚢に入れた橘花工作図を本廠より運搬するのは鈴木隊員の役目であった。

さて、この工場での生産部門は橘花頭部の絞り、前部胴体、燃料タンクの固定台、後部胴体であった。部品作り（白百合職場）、中組立（ニコニコ職場）、総組立（朗職場）へと作業は流れた。機械の据付が終り熟練工による現場教育が進み、作業が軌道に乗ったのは六月頃であった。出来上がった製品は飛行機タイヤを付けた大八車に載せ、数人が手押しで本廠へ運んだ。

作業の主な順序は部品作りから始まり、骨組への外板張りへと進む。外板はシャーリングで切って鼓の様なローラー二個で騙し騙し曲線を出す。それを木型に合わせて叩いて修正を加える。ある程度は押しつけてリベットした。

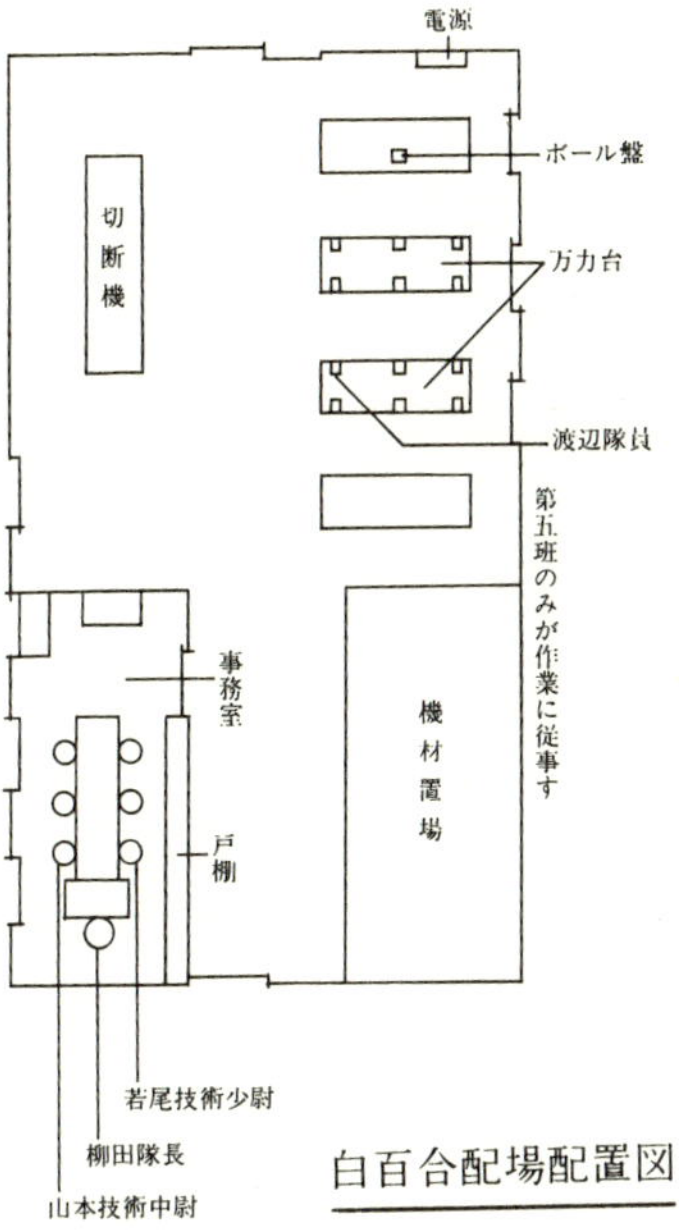

白百合配場配置図

今日なら深絞りプレス加工で一挙に出来上がる単純作業であるが――。

リベットは焼なましを行う。それが元へ戻らない中に工場で打たなければいけない。硬くなって了うからである。そこで工場敷地内に井戸を掘り井戸水で冷やしたが早く硬化して了う。柳田隊長は冷蔵庫とアイスキャンデー製造機とをどこから探

国思隊工場、朗職場

して来た。ところが気化冷凍に肝心のアンモニア液がなく、折角の名案も実用化しなかった。そこで止むなく本廠迄熱処理に行き、急いで工場へ戻り全く休む暇もなかった。

中間円框はアルミ材だが接続円框は鉄製なのでどうにも合わない事があった。又、後部胴体は誠心隊製造の尾翼と結合の際に、仲々芯が一致せずレベルで見乍ら修正するなどの苦労もした。

終戦迄の生産数は前胴は三十五機位（作業が面倒だったので）、後胴は五十五〜六十機位であった。学徒の熟練度は良くなかったが、就業熱意と出勤率は共に優であった、と元隊長は戦後評価した。

若草山の峯南側にコ字型壕を掘って作業所とし、部品加工が出来る様電気配線も取付け、更に中央事務所も計画した。若草山には松が二本立っており空襲時にはここへ見張員を置いた。ある時バラバラと連続音が響いた。やられたと一瞬思ったが、それは敵機の撃った弾の薬莢がトタン屋根に落下した音と判った。この時は所々に穴が空いた程度で実害はなくて済んだ。終戦近い頃本廠引込線で国思隊製品を貨車積込中、P51の機銃掃射をくった事もある。

一方、筑波山北東側の山岳地区への本格的移転疎開計画も動き出していた。海軍設営隊によるトンネル掘さく工事は進行し、若尾技術少尉は打ち合わせの為現地を下見視察した。その結果これ迄垂直で行って来た胴体組立も、天井につかえては困るとの理由で垂直尾翼を裏返しの形で行う事とし、新式治具の設計を始めた。福原工場への移転時期は二十年秋を予定した。

更に、内翼と中部胴体の生産を一軍工（小泉）から一空廠に移行し、二十年末には柳田隊長が熟練者を連れて福原に分離する構想計画も聞かれた。その際は残存部隊で後をやってゆけるだろうか、と当時二十一歳の若尾技術少尉は危惧の念を抱いた。これは昭和六十三年会合の席で同氏が漏らした言葉である。

ハ　ニコニコ職場

飛行機部作業係安田組（組長・安田宇之吉一等工員）所属の土浦中学三年二組学徒、大久保寿、

茂呂礼三、屋口正一らはニコニコ職場への出張を命ぜられた。当時の私の手帳には次の様にメモしてある。

出張先　飛行機部第四工場

七月二十三日　午後より第四工場国思隊出張

高周波電ドル取付のため、カメノコ掃除

残業　㊅　㊂

七月二十四日　出張　カメノコ掃除、テスト

残業　㊅　㊂

七月二十五日　出張　坂本分隊　電ドル一箇修理（カーボン、スイッチ）カメノコ、高周波電ドルテスト、ボール盤モーター修理（茂呂、大久保）同自動スイッチ取付ケ　分隊電ドル修理、二箇内一箇不良、変換機軸受油入替へ、カメノコキャップタイヤ取替へ

残業　㊅　㊂

七月二十六日　正午退

七月二十七日　一二〇〇より、身体検査合格

（注、カメノコとは当時使用した工具の一種だったと思うが、具体的には思い出せない。身体検査とは海兵予科生徒応募の予備検査）

白百合職場の北側に隣接した建物ニコニコ職場の東側、崖側には大きな引戸があった。「芯出シ中　大戸ノ開閉ヲ禁ズ」と書かれてあり、通常の出入りは大戸脇の片開きくぐり戸を使った。崖を削り込んだ所に変圧器、大型モーター、高周波変換機（二〇馬力）、が並んで据え付けられ唸りを上げていた。

本廠内の電気ドリルは大半が日立製作所製、それに山本電気、瑞穂産業、東亜電気等が何割か混り、同馬力にしては形が大きくて重い三菱電気製も使っていた。だが国思隊では小型軽量の高周波電ドルの為片手作業が容易であった。出張作業はここの電動工具の整備修理と保守が任務だったのである。

工場は窓が小さくどちらかといえば薄暗く、組立中の橘花が並び蛤型の胴体に作業員が懸命の努力を続けていた。しかし一旦午休みになると若草山に寝転び、沖縄民謡「安里屋ユンタ」や「からたちの花」「お使いは自転車に乗って」等の軽やかで屈託のない唄声が聞こえて来た。ここは「撃ちてし止まむ」の本廠内とは一風異なった雰囲気をかもし出していた。

朝のラヂオ体操の時隊長が台上で号令をかけた。国思隊員の一人が笑い乍ら体操をした。笑い坊なので叱られても叱られても笑った。この後どうなるかしらと思ってたら、その後隊長も笑い出した。ああよかった。この事は今でも忘れられない。（I学徒）

これは六十三年秋の再会時に語られたエピソードである。

工場ではハプニングも起きた。渡辺学徒は右手で卓上ボール盤の三方型ハンドルを握り、ゆっくりと回転させて錐先を下げた。すると突如悲鳴を上げた。髪の毛が真っ直に立ち上がった。感電したのである。咄嗟に近くの青島工員が電源を切って呉れた。それでも右掌が握りから離れない。硬直した指を一本ずつ伸ばしてやっと外した。原因は漏電からでヒューズ代りに太い針金が入れてあった為である。

この修理に当たったのが安田組の土中生大久保学徒であった事が、六十三年懇談の席で判明した。その事故は前記メモにある、七月二十四日残業の理由だったのである。

飛行機部庁舎

第四節　第四工場誠心隊

イ　海軍技術士官

誠心隊長山口耕八技術中尉は大正十一年東京赤坂の丹後町に生まれ、やがて官立浜松高等工業学校（後の浜松工専）航空工学科へ進んだ。同校は大正十一年創立で昭和五年昭和天皇御臨幸の際は、テレビ実験の天覧に浴した名門校である。

大東亜戦争も風雲急を告げ、優秀な若人の力を一日も早く戦力化する為、大学、専門学校は卒業を繰上げた。山口青年は在学中に短期現役の道を選び、選抜試験の難関を突破し十八年九月母校を巣立った。

国思隊長柳田清一郎技術中尉も又ほぼ同様のコースを辿っていた。大正十年神奈川県大磯町に生まれ、県下の雄湘南中学から横浜高等工業学校（後の横浜工専）へ進み、航空工学を専攻した。天下の英才は挙って国の大事に際し、その若き身を海軍に投じていったのである。

勅諭

一 軍人は忠節を盡すを本分とすへし
一 軍人は禮儀を正くすへし
一 軍人は武勇を尚ふへし
一 軍人は信義を重んすへし
一 軍人は質素を旨とすへし

海軍は北支の保養地青島で海軍士官の養成教育を実施した。場所は山東大学、青島特別根拠地隊司令官は海軍航空界の重鎮である桑原虎雄大佐であった。戦力を一日でも早くほしい時期にも拘らず、第三三期約二千名は、五ヵ月（18・10・17～19・3・1）に亘り訓練を受けた。教育内容は海軍士官としての品位、人格、技量と全人的訓育であった。

青島小唄

一、白い燈台　緑の小松
　夢の浮島　加藤島
長い桟橋　回覧閣に
　とろり絵の様な
　とろり絵の様な　月が出る
ホンニ青島　よい所

二、心清澄　参道ゆけば
　花にぼんぼり　大鳥居
名さえゆかしや　若鶴山は
　青島譲りの
　青島譲りの　宮柱
ホンニ青島　よい所

三、花の公園　たつ春霞
　うらゝ桜の　薄化粧
花は散っても　勲は朽ちぬ
　大和桜の
　大和桜の　忠魂碑
ホンニ青島　よい所

四、緑一刷毛　アカシヤ並木
　丘も港も　赤タイル
船で見た町　山から見ても
　おぼろ絵の様な
　おぼろ絵の様な　あで姿
ホンニ青島　よい所

元来我が海軍は東郷平八郎元帥を聖将と仰ぎ、特に初級士官の訓育は国際的視野と高い識見教養を体得させ、しかも使命感に燃え誇りに充ちた有為の人材を養成するを旨として来た。海軍は決して戦争屋ではない。国を護り国民を愛する精神で貫かれていた。

「スマートで目先が利いて几帳面、負けじ魂これぞ船乗り」、帝国海軍は合理的でリベラルな思想を伝統とし、その性格を表現した言葉は現在でも数多く残っている。

余談になるが昭和二十年、敗色濃厚となり戦局の山が既に見えた頃ですら、海軍は異例ともいえる多人数の優れた青少年を海兵及び予科生徒に採用、人間教育を行った。これら有為の人材は復員の後、戦後日本の復興と発展に各分野で多大の力を発揮する。

さて、青島教育を終了した第三三期生は、内地へ帰国後空技廠へ配属され、約三ヵ月の専門教育を受けた。

そこで山口見習尉官は指導の教官から、次の様な言葉を聞いた。

「日本は勝つ見込みは全くない。しかし我々軍人は命令を受け最善を尽くさなければならない。あまり長いことはないのだから、家から色々品物を取寄せることはない。布団と枕さえあればよい」と。

一空廠着任は十九年五月、部署は飛行機部（部長・鈴木為文技術大佐）であった。そして技術少尉に任官し、九三中線を新製の後は第五工場で特攻機桜花（㊅）の生産に携わる。

九三中練新製一号機

九三中線は海軍機搭乗員の殆どすべてが、揺籃期にその操縦桿を握った。鉄パイプを熔接で組立てて四角い構造物とし、肋骨と木製部に羽布を張った。複葉で塗色がオレンジ色なのが、愛称「赤トンボ」と呼ばれた所以である。一空廠では十九年一月に小型組立工場前で、新製第一号機の完成を祝った。

高梨三郎技術中尉より引継いだ同機の新製業務が、山口技術少尉の初仕事であった。先の空技廠教官の言葉を胸に、少尉は任務に全力を傾倒する事となる。

一方、海軍技術士官の養成は戦局悪化の為従来の青島での教育が不可能となり内地に移った。即ち第三四期からは静岡県に新設された浜名海兵団で実施された。

ここでの教育を了えた太田正義、山本健一、山田熙明、森大吉郎、江川一郎、杉山文郎、北出憲明の各見習尉官は、二十年六月十五日発令され初任地一空廠へ着任した。そして廠内各所に配属され枢要な職務を担ってゆく。

これより前、二月一日着任の岩崎俊雄技術少尉は、飛行機部第三工場にデスクがあった。七月頃のこと工場主任大島技術大尉の机上で、橘花の図面を見せてもらった記憶がある。青図はA2版位の大きさで、平面図立面図等二、三枚だった。これらは終戦後に真っ赤な表紙の零戦仕様書と共に焼却された様子である。

杉山文郎技術少尉は、第三門の外で掩体壕の中の橘花を正面から見た。松林の低翼単葉双発機は、エンヂンが翼下に取付けられ意外に小型な感じがした記憶をもつ。

海軍第三期見習尉官
浜名風の歌

作詞　木島　務　大尉
作曲　藤原　軍治中尉

一、松は緑の浜名湖に　映る真白き富士の嶺
赤い顔して漕ぐ櫂に　さっと撫でゆく

さっと撫でゆく湖《うみ》の風

二、ひとたび吹けば浜名風　遠州灘より吹き寄せる
大波　小波　あだ波も　しぶきと砕き
しぶきと砕き押し返す

三、油だらけに泥だらけ　闘志満々吹きまくる
凱歌を挙げりゃニッコリと　見たか浜名の
見たか浜名の美少年

四、若い生命は惜みゃせぬ　散り際清き桜にも
まさる血潮の武士《もののふ》の　胸に漲る
胸に漲る浜名風

ロ　尾翼の生産

昭和二十年春、新編成の職場は各々名称を冠する事となり、山口技術少尉は「誠心隊」と名付けた。これらの隊名は「各係官の性格が夫々の名称に表わされているようだ」と後に述べている。

その工場は廠外小松ケ丘にある第三工員宿舎の食堂をこれに当てた。小林工長はじめ廣瀬、五十嵐、内林、栗山各組長の下で橘花の後胴と尾翼を生産した。作業に携わったのは一般工員と学徒であった。犬丸学生（物理学校）を筆頭に、土浦高女四年三組の約五十名、麻生中学三年生約五十名、それに土浦国民学校高等科二年生の約五十名であった。

土浦高女生は作業によく耐えた。麻生中生は戦力化していたが、土浦国民学校生は全くの子供でとても戦力にはならなかった。それは無理もない、十三〜四歳（註・数え年）の少年であったのである。彼等は充分な成果をあげなかったが、「担任の先生は生徒を見ること我が子を見る如く、常に工場を巡回されて励ましておられた。今でも先生の姿が浮んでくる」、と隊長は後に記している。

伊藤次男訓導は生徒が分散配属された疎開工場を毎目見廻った。中村、西根、廣岡、乙戸と廠外地区を毎日、自転車でペダルを踏み続けたのである。

茨城県内務部長引継書（二〇、四）には次の数字が載っている。

工場事業場学徒出動数調

校名	附設課程	四年	三年	高二男	計
土中		二二一	二六四		四八五
土女	一八八	二六四	三〇四		七五六
女商			五〇		五〇
土国				一八八	一八八
麻中			一一二		一一二

又、学徒ではないが誠心隊には台湾出身の少年工が配属されていた。彼等の愛国精神、勤勉さ、技術力には感心した。内地出身の養成工と比較すると、内地の方が大分劣っていたとも評される。

　栗山組（組長・栗山廣職手）は後に、道を隔てた北側の凹地に二棟の木造工場を建てて移り、薫分遣隊と呼んだ。トタン葺の建物内では後胴の骨組にジュラ板を貼上げ、終わると円錐型の後部を上にして土間へ立てた。一台完成する毎に出来た出来たといっては、壁の表へ小さな日の丸を貼り付けた。

　赤池に近い東側と丘の西側との間に壕を掘ってつなぎ、これを万着隧道と名づけた。コンプレッサーや治具を入れ、毎晩の様に警報が出る最中でも安心して作業を行った。

ところで、橘花の生産は桜花に比べて遥かに高度の技術を必要とした。従って作業は難航を極めた。金属機製作の経験者が皆無の為、翼の水平度が悪く大変苦労した。その為最後迄スムーズに生産が進まなかった。

組立に使うヂュラルミン鋲は、焼入れして二時間以内にかしめる必要がある。理由はヂュラルミンの特性として焼入れした直後は軟かで鋲打ち可能だが、数時間を経過すると硬化した。無理にかしめたり打つと割れたり規定の形に仕上がらず、計算通りの強度が得られない。

工場のある小松台から本廠へは自転車で取りにゆかねばならず、工場へ持ち帰った頃は既に時間が相当経過し、作業可能時間が少なくて苦労した。時に帰路空襲に遭遇したりすると、その間に有効時間が過ぎてしまう。その上未熟作業員が多いので、注意しないと無効鋲でかしめる事となる。

工場備付の設備は組立治具、孔明治具、大型定盤、コンプレッサー、皿もみ機（翼の外板の鋲孔を皿鋲の形に合わせる様沈めるプレス）、ボール盤、ドリル、鋲打機等であった。

各工場は分散疎開の為、関係部門との連絡も円滑にゆかず計画通りの工程が維持できなかった。その為生産の遅れをとり戻すのに、三十六時間作業の命令が出た。朝七時に出勤するとその日は徹夜し、翌朝も帰らず夕方まで勤務する連続三十六時間ブッ通し作業である。従って夜間作業で睡魔が襲って居眠りする者がいたのも無理からぬ事であった。現代なら労働基準法が腰を抜かす様な作業は暫く続いた。隊長ですら多忙の為宿舎に帰って寝る事も出来ず、事務所の椅子を並べてやっと仮眠をとる有様であった。

その上連日の様に「第一警戒配備」が発令された。作業はその都度中断して総員退避し、為に生産へ影響を与えた。昼間小型機の銃撃を受け事務所附近に被弾したが、人身、製品設備に被害はなかった。銃弾は隣接する寄宿舎にも当たった。

廣瀬秀雄組長（職手）は桜花生産に携わり、学徒百二十名、海軍工作兵二十名を指揮し実績を挙げた。誠心隊での橘花生産では、尾翼水平安定板の骨組々立から仕上迄を担当した。廣瀬組に所属したのは動員学徒の麻生中十六名、土浦高女四年三組四十名、土浦国民学校高等科三十五名、それに女子挺身隊員六名であった。最初の製品を治具から下ろした時は、その出来具合に緊張した。

完成した尾翼第一号機は幌付のトラックに積込み、佐伯技術少尉が運転台に同乗し陸送した。車は六月の蒸暑い夜に工場を出発し、下館町、結城町を経て小泉へ送り届けたのである。

終戦迄の尾翼生産数は二十五号機迄、部品は七十号機位であった。

第五節　職場の諸相

イ　白鉢巻

春未だ浅い黒駒山の頂には残雪があった。奥羽山脈の名峯を西に望み、磐井の流れに程近い、岩手県立一関高等女学校（西磐井郡山目村宇向野三三）は昭和十九年三月、第二十二回の卒業生を送り出した。その前身校は創立を明治四十年に遡り、盛岡高女に次ぐ県下第二の長い歴史を有する。

さて、卒業と同時に同校挺身隊員二十名を含む、岩手県下の女子挺身隊員全員は、一関国民学校講堂に集合した。ここで盛大な壮行会が開かれ県や町から激励の言葉を受けた。

一同はその夜八時過ぎ、凄いみぞれが降りしきる中大勢に見送られ乍ら、一関始発の臨時列車に乗り故郷みちのくを後にした。夜汽車は東北本線から常磐線へ入り、三九〇粁を一路南下、翌朝土浦駅に着いた。そして異郷の地に降り立った一行は不安気に朝の空気を吸った。

駅前には海軍差廻しのトラックが待ち受けていた。全員は荷台に分乗して市内小松台の一空廠第五寄宿舎（現・日大土浦高校の所）に入った。そこの舎監は眞乗坊隆技術中尉であった。日ならずして本廠に行き工場を目のあたりにした時、その広さ大きさに驚きの眼をみはった。そこで一関挺身隊は飛行機部配属と決まった。

後に昭和二十年四月、加藤隊員は第四工場鉄心隊に、同じく菅原、小野寺隊員は国恩隊で柳田技術中尉の指揮下に入った。その頃佐藤隊員は第三工場仕上班に所属していた。

一空廠で奮闘した挺身隊の出身地は次の通りである。

岩手県・一関、釜石、盛、高田、山田、前沢、日詰

福島県・棚倉、石川、白河、須賀川

栃木県・鹿沼、小山、真岡

茨城県・土浦、石岡、太田、水戸、大宮、笠間、下妻、水海道、竜ケ崎、潮来、麻生、久慈浜

ところで、防人隊が橘花の外翼生産を担当した事は前述した。隊長細井一男技術大尉の下に滝本秀男学生（東北帝大航空学科）、加藤武人技手がいた。後に浜名教育を了えた北出憲章技術少尉が着任し、部下からはハリキリ少尉と慕われた。更に空技廠から塚本彌太郎技術中尉が加わった。平家建の工場では工員と土浦高女四年五組の学徒がリベット打等の作業に従事した。

鉄心隊は矢田部厚技術中尉を隊長に、新慎守一技術少尉、吉田学生、古池技手を幹部に土浦高

女生も配属された。第五寄宿舎食堂の裏手に工場があり、橘花部品のうち強度を要する箇所の鉄部品を主に製作した。

第四工場主任藤原成一技術大尉は時折各職場を自ら巡回した。挺身隊員や学徒達が白鉢巻姿で真剣に仕事と取り組む目に感心した。

「ハンマー・ドリルで一生懸命リベットを打ってる〝乙女の目〟が実にキレイであった」

大尉は四十余年後もいまだに印象に残ると感想を語った。

白鉢巻は軍需省航空兵器総局長官遠藤三郎中将が、日の丸に「神風」と染めぬいた手拭が一般に知られている。二十年三月動員の土浦高女生は当初無色の白鉢巻をしめた。同じく動員された私立土浦女子商業生も鉢巻をした。県立側はすぐさま、鉢巻正面に桜で縁取りし中に「高女」の文字入りの赤スタンプを押捺した。

二十年七月、茨城新聞に一通の投書が掲載された。鉢巻隊員が枢要な戦力として、夜を徹しても最新鋭機の増産に挺身専念している事を、居眠り指摘のこの投書主は全く解ってない。

茨城新聞投書欄「征矢」　20・7・17

鉢巻女学生

県南の某高女では動員学徒に鉢巻をさせてゐるがあれはどんなものであらうか、そもそも作業中の精神緊張のために用ひられるべきもので、通勤途上帽子かリボン代りに鉢巻などとあっては逆効果といふものであらう、それに一見して動員学徒とわかる以上鉢巻娘の数によってその出入する工場の大体の規模もわからうといふもの、これでは防諜々々と大声でいってゐる学校当局の気持がわからない、それに鉢巻して列車の中で居眠りしてゐる図などはあまり見よいものではない（山岡鉄舟）

土浦中学新講堂
誠心隊の学校工場として治具据付が行われた

ロ　学校工場

土浦中学（宗光杢太郎校長）は二十年一月三十日に三年生二百二十一名を、三月六日に二年生二百四十六名を相次いで一空廠へ送った。そして更に六月十八日には新二年生三百四十五名の入廠式を行った。この学年は教育実習の後、学校工場となった母校々舎に戻った。

校庭には九三中練二機が運び込まれ、整備兵と三年生の一部も加わって分解整備を実習した。コンクリート上間の控室には天風発動機が架台に載せられた。終戦時に

土浦高女校舎　木造総二階建、創立明治36年５月

沢山の工具類とドイツユングマンエンヂンがあったのもこの部屋である。この新品発動機は校庭の隅に穴を掘って埋めた。

一方、校庭の近くに建設中の新講堂は、建前をしただけで工事が停滞していた。トタン板で応急に外部を張り、誠心隊はここで尾翼生産の工場化を計画した。その為の治具据付等の準備進行は、江川一郎技術少尉の作業日誌（後述）によっても裏付けられる。

茨城新聞四月二十二日付二面は、下段に小さな記事を報じた。県立土浦高女では目下学校工場の開設準備を急ぎつつあるが、作業開始は結局五月一日からの見込み、これと同時に現在翼の生産陣に動員中の三年生も帰校し決戦生産戦を展開することになるので校外工場への動員に比し大いに成果が挙がるものと期待されてゐる。

市内立田町の同校々舎（体操場や控室等）は、床をはがして橘花組立治具を据えつけた。動員中の三年生は本廠より戻り、内一クラスは烏口を使って図面のトレースに従事した。設計部門の係官眞乗坊技術大尉は監督の為、この土浦高女も巡回した。

十九年入学の新二年生も一空廠動員となった。先輩達と同様に養成班を経て教育班でアルミコップ絞り等の実習を行った。この学年は廠内には配属されずに学校工場へ戻って作業に当たった。

茨城県がまとめた「県立中等学校校舎使用現況調」によると、土浦市内の二校の状況は次の通りであった。

	軍関係	工場関係
土浦中学	教室三外、霞ケ浦航空隊 教室四外一、第一海軍航空廠	
土浦高女	教室一外二、海軍病院 教室一外二、一空廠飛行機部	教室一七外五、第一海軍航空廠学校工場

土浦国民学校（吉岡壮助校長）高等科二年生六クラスにも動員令は下った。二十年春男生徒百八十八名は一空廠へ、女生徒五十名は森島工場（関口辰五郎社長、本社・東京蒲田、土浦工場・土浦市下高津五〇〇番地）へ通った。男生徒には土中生三月入廠組と同様、蚊帳の様な作業服が支給された。職場は大型組立工場をはじめ、烏山、乙戸、飯田、宍塚辺りへ小グループで分散配

属され、大人同様の作業と敵機の機銃掃射に追われる危険な場面も経験した。

その一部は小松台の誠心隊に所属し、橘花生産の一翼を担った事は既述の通りである。小岩田（現霞ケ岡郵便局附近）で終戦を迎えたグループもあった。一組受持は前述の伊藤訓導、このほか小林弘道、中川志げ職員らが生徒の把握にあたった。

学校工場も開設されたとの話を耳にしたので平成二年に同校を訪ねた。しかし動員年月日、学級担任教師名、解除月日、使用建物等の記録は全くなかった。

同校の動員については『土浦小学校創立百周年記念誌』に小松崎イト元教師が〝学徒動員のころ〟を寄稿しているのみである。（昭和四十八年二月十日発行、三七頁）

八　作業日誌

江川技術少尉が六月一空廠着任時からメモした、大学ノートの作業日誌が残っていた。日誌を中心に職場の状況をまとめると大要は次の通りである。

着任した少尉は六月十九日、第六工員宿舎に疎開した花方班を見学した。この職場は橘花の内翼全体組立治具、内翼主桁組立治具、円框穿孔治具、軌範、測範、主脚取付部測範、支持金具、取付部測範を扱っていた。

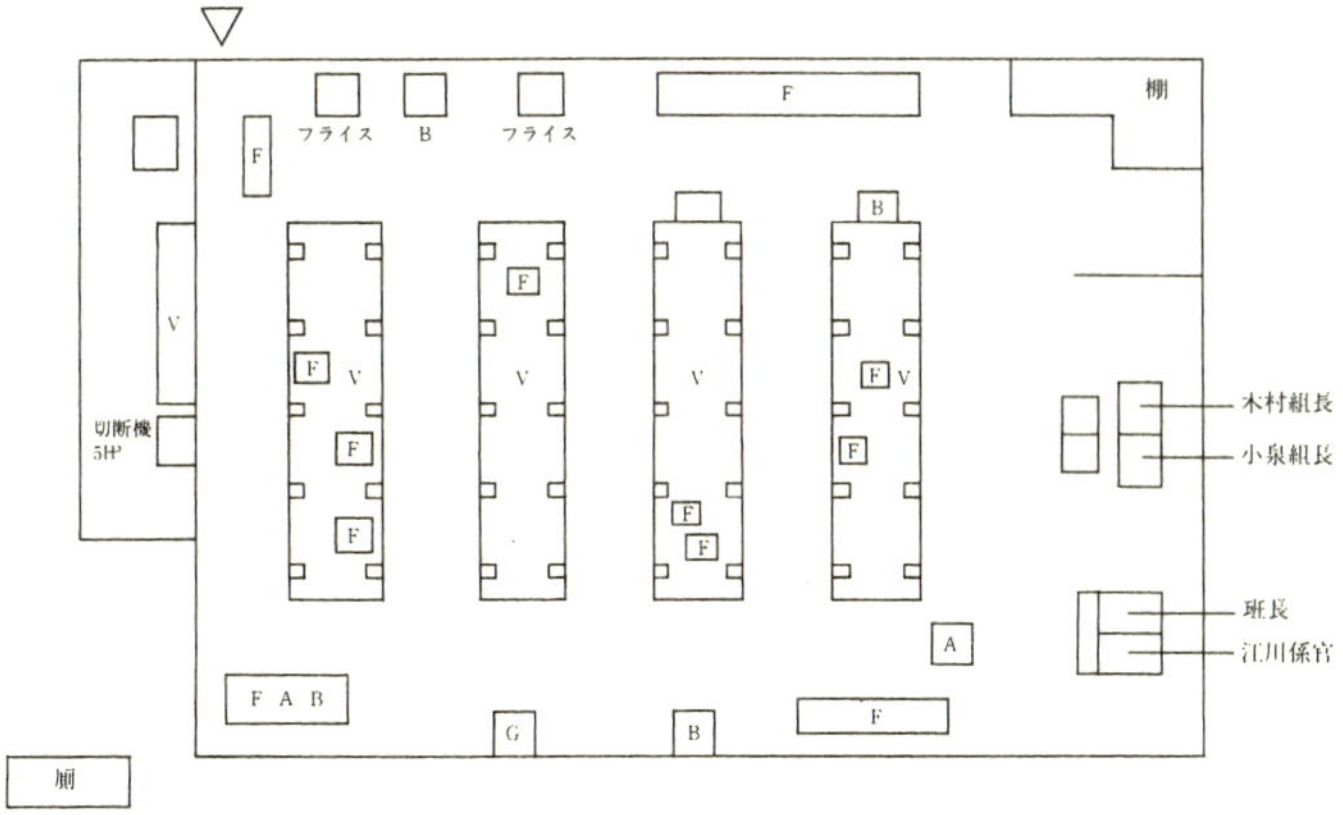

F：定盤　B：ボール盤　G：グラインダー　A：作業台　V：万力台

木村組・小泉組配置図

二十七日午前は誠心隊、くろがね分遣隊、薫分遣隊を巡回し、水平安定板、垂直安定板、昇降舵、方向舵関係治具につき、誠心隊々長山口技術中尉と打ち合わせを行った。

午後は国思隊を見学、前部胴体、後部胴体垂直安定板結合治具につき検討した。そして翌二十八日は防人隊の外翼治具を見学した。

さて、江川技術少尉の指揮する綿引班の疎開工場は本廠の西北第九門を出て三百米程北方、小松と椚林の西側崖下にあった。崖上には職務に殉じた工員

江川技術少尉

九十二名の霊を祀った忠霊碑（碑文・豊田副武海軍大将、昭和十九年六月建立）が建ち、前面田圃の西側小高い所には日ノ先神社の森が繁っていた。崖の出張りを挟んで北側に榊原・岡野組、南側に木村・小泉組の建物（共に約百坪）が建ち、工員百二十一名、学徒六十一名（麻生中だけかは不詳）、兵十二名が作業に従事した。

綿引班（班長・綿引信光工手）
- 榊原組（組長・榊原房雄職手）17＃測範、後部胴体、中部胴体、翼胴結合治具
- 岡野組（組長・岡野秀雄一工）
- 　水平安定板、フラップ組立、フラップ測範、
- 　水平安定板、主桁組立原動機架測範
- 木村組（組長・木村征雄一工）翼胴結合治具（翼側）
- 小泉組（組長・小泉正一郎一工）8＃測範、前部胴体、第二風房、水平安定板、主桁組立、翼胴結合治具、水平安定板
- 　前線

綿引班には鉄の代わりにミカゲ石を研磨して造った大きな定盤が備えてあった。ここで仕上げた治具は小岩田の工場へ運び、コンクリートで固めて取付した。絹川治太海軍委託技術学生（東北帝大工学部）は係官を補佐して組立治具の製作にあたり、小岩田の工場へも時々足を運んだ。

朝鮮半島出身の兵は服装こそ海軍軍人だったが、二〜三ヵ月間の支援来場期間中やる気が無く、大きな図体で只ブラブラして飯を喰うだけ、全く以って使い物にならない代物だった。それにひ

きかえ隣接の小池班（班長・小池工手）飯島組（組長・飯島一工）では、うら若い女子挺身隊がガス熔接に従事し、大和撫子達は男勝りの仕事をテキパキとやってのけた、とは日誌にはない話で元組長の記憶である。

この頃、宇田川栄男技術中尉の指揮下にあった組織は次の通りであった。

椎名班　潮田組・小型プレス、飯島組・工作機械、杉田組・ドローベンチ
落合班　坂下組・大型プレス、矢ノ中組・鋳物　切断、吉田組・大型プレス

宇都野技術大尉の指揮下組織は次の通りであった。

森　中尉――新橋工長 ｛（事務班）木橋役、大野役／下山職手（工事班）下山役、大山役、須田役｝

伊藤中尉――技川工手（木工班）｛篠崎組―籠型木型／若林組―木工機械／飯野組―現　図｝

七月に入ると綿引班の治具製作はピッチが上がった。十二日現在の進捗状況を示せば次の通りである。

前部胴体治具

1　篭型……先端合セ　先端組立　一～五＃外板合セ　五～八＃外板合セ　一～五＃縦通材

五〜八＃同

2　部品治具一工程……一＃円框組立　二〜八＃同　五〜八＃1/4組立　五＃穿孔治具　八＃同

前脚室側板組立㊍　前脚室扉組立㊍

3　部品治具二工程……前脚室組立　前脚室扉蝶番金具結合

4　全体組立……前部胴体組立治具

後部胴体治具

1　篦型……外板合セ　縦通材合セ

2　部品治具工程……一七〜二四＃円框組立㊍　一七＃穿孔治具　二三＃同　二四＃同

3　全体組立……後部胴体組立治具　後部胴体安定板結合治具

外翼治具

1　篦型……前縁合セ、スラット合セ

2　部品治具工程……前桁組立治具　後桁組立治具㊍　翼端組立治具　前桁前縁小骨結合治具

桁間小骨外板組立治具

3　全体組立……外翼全体組立治具

補助翼治具

1　部品治具工程……蝶番金具結合治具　前線組立治具㊍　後縁同

2　全体組立工程……補助翼全体組立治具

水平安定板治具

1　篭型……翼端

2　部品治具工程……蝶番金具結合治具　桁間組立治具　前縁同　翼端同　翼端結合治具　主

桁組立治具

3　全体組立……垂直安定板全体組立治具

昇降舵治具

1　部品治具工程……蝶番金具結合治具　前縁組立治具　後縁同

2　全体組立工程……全体組立治具

方向舵治具

Ⅰ　篭型……下端

2　部品治具工程……前縁組立治具　後縁同　蝶番結合治具

3　全体組立工程……方向舵全体組立治具

そして七月十三日の欄には、

中部胴体組立治具　四　土浦中学

内翼組立治具　四　土浦女学

翼胴結合治具　二　大房
主桁組立治具　二　国民学校、土浦女学
後桁組立治具　二　土浦女学
主桁　舵組立治具　四　国民学校、土浦女学

これは出来上がった治具を学校工場へ配置する数量を示したものであろう。

八月七日には大岩田国民学校、十航艦の文字がある。本廠第三門から北へ土浦市内に至る道路の中間地点、大岩田坂下には執銃の歩硝が立っていた。坂右側には古材を使って車庫が建ち、黒塗り乗用車が二台程見えた。この十字路を右へ小道を入り三〇〇米程東へ進んだ所に大岩田国民学校があった。北側に丘、南側前方田圃に面したこの建物に第十航空艦隊（司令長官・前田稔中将）が陣取っていた。その東西には燃料用ドラム缶を多数横穴に格納、跡片は今でも幾つかが残っている。

八月十五日、正午、陛下ノ大詔放送ニナリ愕然ナス所ヲ不知

この日は乱れた文字一行のみ記入してあり、『作業日誌』はここで終わり、後の頁は真白であった。

第六節　福原地下工場

イ　次期戦備施設計画

米軍機による空襲必死と見て、一空廠工場施設は地下化が推進され長期戦の構えをとる事となった。横須賀海軍施設部の策定した「次期戦備施設計画」は、加波山系北西の西茨城郡東那珂村、同西山内村、新治郡恋瀬村の二郡三村にまたがる地域に位置した。

計画では山間地の地形を利用して、地下工場二〇〇〇〇平方米の内地質良好な箇所を選定し、八〇〇〇平方米を実施するものであった。谷間の山腹に平行する隧道道路（高二・五米、幅二・五米）数本を向こうの谷迄掘り抜き、中間に横穴工場（幅四米又は七米）を何本か取り付ける構造である。

地上建家は東那珂村の西前、山椒塚、板敷、木植部落に、居住区は御手洗、新田地区があてられた。

計画概要（推定）

工区	道路 延長米	道路 本数	工場 延長米	工場 本数	所在地
I	五〇〇	三	二五〇	四	西山内村
II	八七五	六	五〇〇	九	西山内、東那珂村
III	五〇〇	二	二五〇	八	東那珂村
IV	四〇〇	三	一七五	三	〃
V	六七五	四	二七五	六	〃
VI	五五〇	四	二五〇	七	〃
VII	七五〇	六	二五〇	五	〃
VIII	五五〇	三	二五〇	六	〃
IX	一三二五	八	七〇〇	二〇	東那珂、恋瀬村
X	八七五	六	七〇〇	一五	東那珂村
XI	七〇〇	六	四五	一〇	東那珂、恋瀬村
XII	五〇〇	四	二五〇	六	恋瀬村
XIII	一〇〇〇	六	五〇〇	一一	〃
XIV	一〇七五	五	八五〇	二四	〃

建設工事には海軍設営隊が投入された。後民間会社戸田組も加わった。その大要は、

施主　軍建協力会
件名　陸軍工事（霞ケ浦航空廠《ママ》福原地下施設）
場所　茨　城　県
工費　九〇〇、〇〇〇円
工期　二〇・三～二〇・八
『こゝろ・わざ　戸田建設百年史』一三三頁

ＪＲ水戸線福原駅から県道（現・八郷稲田線）を柿岡方面に向かって三粁程進むと、東に吾国山（五一八米）、南西に主峯加波山（七〇九米）を望む。更に団子山の南方板敷峠にさしかかると緩い登り坂となり、道は逆コ字型を形作る。

その中程から南西へ六～七〇米入った所、間隔を少しおいて二つの尾根が並ぶ。隧道の一ヵ所は恋瀬村に近いこの敷地内にあった。

別の隧道はその北方にあった。場所は西茨城郡東那珂村大字木植板敷一七七番地、鈴木銀一、大関房之助、大久保徳太郎三氏共有の雑木林で、登記面積は一町六反六畝一二歩の地域である。

前方北側の田圃から五～六米登った斜面が隧道入口であった。

同じ木植地内でも西北位置の字「岩」地内は、その名前の通り地面を掘ると岩がゴロゴロ出てくるが、この板敷の土質は地元の人がノゾッポと呼ぶ赤土黒土で、掘った残土は前面田圃を埋めた。

この隧道は戦後暫くは入口が原形を保っていたが、今は崩れ落ちて幅四〜五米、長さ六〜七米程の凹みがその位置を伝えているだけである。斜面一帯には戦後植えた杉が目通り一五糎前後に生長した。隧道下と田圃の境には東西に直線の土堤が延びる。当時は軍道と呼ばれ多くの人々が宿舎から朝夕列をなして通った跡である。今は歩く人とて無く春の草が繁るばかりであった。

隧道工事の山　入口は右寄り少し登った所
左遠方の山は吾国山（518M）

附近各所には兵舎が建ち烹炊所も出来た。遠方から大勢の兵隊が来て掘削に従事、トロッコも活躍した。朝鮮人人足も多数労務に服し、金田、金本、柳川、山田などの日本姓が今でも土地の人の記憶にある。

さて、一空廠篠田飛行機部長の命を受け、生産部隊第一陣として飛行機部員の第二工場児玉幹雄技術大尉、関野芳雄工手が、小川、糸井工員以下の部下約五十名を引率して、福原入りしたのは二十年三月頃である。その時には設営隊が盛んに山腹へ隧道を掘っていた。同隊は先着の設営隊と区別する為、海軍児玉部隊と称した。

現地に着いてみると泊まる所とてなく、第一班の人々は附近の民家へ分散止宿した。先遣隊は先ず宿舎を建てたり資材の調達に当たった。食糧の現地調達段取りは平岡工手（会計部）が担当した。その地区は昔乍らのランプ生活で、そこへ初めて電気を引いた。木材やセメント等の建設資材、食料等は本廠より運び、砂利は鬼怒川から水戸線を使って福原駅経由で搬入した。今泉地内の田の畔近くに仮本部が建った頃、その前面では田植が行われていた。

隧道入口跡　中央部に凹みが残っている

隧道は幅二米強、高さ二米半位で素掘りの箇所と松杭で組んだ所とがあった。一〇畳敷程の場所が何箇所か出来、機械を四～五台据え付ける広さがあった。本廠からは旋盤、ボール盤等を福原駅迄は鉄道で、次はトラックで運びその先は荷馬車幅程の坂道をコロで、最終は人力で搬入した。

浜名教育を修了した小林哲雄見習尉官は、二十年二月一日一空廠へ着任した。飛行機部副部員となり部品機械工場を担当し、技術少尉任官後、七月頃福原工場へ移った。

山腹をくり抜いた隧道は松丸太を組み、水滴が落ちる粗末なものであった。それでも裸電球の点るトンネルには旋盤等の工作機械が配置され、早速生産を開始した。部品加工は昼夜二交代制で増産に拍車をかけた。製品はボルト、滑車、エンヂン部品等の小部品が主で飛行機部へ納入した。

本廠から来場した機械加工担当係官は技術少尉二名だったと言われる。役付は熊野神社で朝礼の後、夫々の部署へ指示を与えてその日の作業を開始した。児玉技術大尉と関野工手は各職場を巡回した。作業員の人数に関する資料は全く残っていない。

発動機部（部長・緒方明大佐）も福原への本格的移転を進めていた。工場用仮設建物、寝小屋が出来、道路から二百米位谷間へ入った場所に試運転台も据えられた。係官光用技術大尉は何度か現地へ足を運んだ。鉄道の場合は常磐線友部駅乗り換えで水戸線福原駅を経由するか、アセチレンガスの乗用車で筑波山麓を迂回して岩瀬へ出るかであった。終戦の日の正午大尉は福原へ向かう途中の車内で、山では発動機を台に載せたところであった。

同じく発動機部の久米豊技術中尉は、戦後その著書『回想——人と生活と——』（一九九七年五月一九日発行、一四七頁）に、次の様に記している。

「かねて加波山のふもと、水戸線の福原の山中に掘っていた横穴に再疎開することになって、私は機材の輸送を命じられた。トラックなどはなく、与えられたのは命令だけである。幸いに筑波に一高の友人の父君が旅館を経営しているのを思い出し、訳を話したところ、適当な中継地点ごとに牛を徴発してくれる事を約束してくれた嬉しさ。

こうして仕掛り中のエンジンや機材を牛車に積み込み、次次に牛にリレーさせて無事福原への輸送を開始した。そしてどうやら引っ越しが終わるころ、あの八月十五日がきたのである」

前出の「筑波」とは旧北条町、現つくば市、「一高」は旧制第一高等学校、「友人」とは宮崎仁氏（東大第二工学部同期で電気工学科卒）、その「父君」は宮崎隆四郎氏、そして「旅館」の名は伊勢屋、筑波旧登山口の正面に位置したしにせであった。

土浦中学動員学徒で福原工場配属となった一人の話は以下の如くである。二十年七月中頃、四年一組の一部を含んだ約三十名は水戸線経由で現地入りした。宿舎は山の斜面に建ち、天井のない小屋組丸出しのバラック造りであった。トタン屋根は真夏の太陽に焼け日没後となっても尚熱く、生徒達は夜が更けても寝付かれず翌朝は目がチカチカした。それに加えて蚊の襲来、藁フトンにはノミが発生して刺され放題、体はハシカの様に赤く膨れた。更に加えてシラミにも悩まされた。

食事は沢庵や梅干しなども出たが、大豆の中に米があるといった風で汗までが大豆臭くなった。又スイトンも糠を混ぜた様なもので、汁の中でくずれてバラバラに散らばり箸でつまめない始末であった。魚も樽詰めの物が寮へ届いた時には、既にウジ虫が湧いていた、等の話さえあった。

ダラダラ坂を深いトンネル内へ旋盤を運び込み、作業は丸棒を削った。そこには電線が通り裸電球が点いていた。終戦の放送は宿舎で聞いた。その後二～三日してから迷彩を施し銃撃を受けた跡が残る客車に乗り、水戸線を友部駅で乗り換えて帰宅した。

他方、横須賀海軍施設部霞ヶ浦工事事務所（所長・長淵巖）が、横施本部提出用に戦後まとめた別の資料から推定すると、隧道着工状況は左の如くであった。

工区	道路		工場		所在地
	延長米	本数	延長米	本数	
I	七五〇	三	二五〇	八	西山内村
II	一二五〇	五	二五〇	八	西山内、東那珂村
X	一二五〇	八	二七五	一〇	東那珂村
XI	九〇〇	六	一七五	八	東那珂、恋瀬村

地上にも大小一一五棟の建物が分散設置された。建坪二一〇平米の総務会計事務所をはじめ、発動機工場（七二五平米）、電気工場（三七五）、試運転場（二四〇）、仕上組立場（二七五）、発送場（二〇〇）、鋳物（二六〇）、大型プレス（二六〇）、熱処理（三二〇）四棟、砂噴場四棟、そして百二十人収容の兵舎二十一棟が建った。更にこれらの食事を賄う烹炊所（三一〇平米・許容給食量千三百食）三棟が出来た。

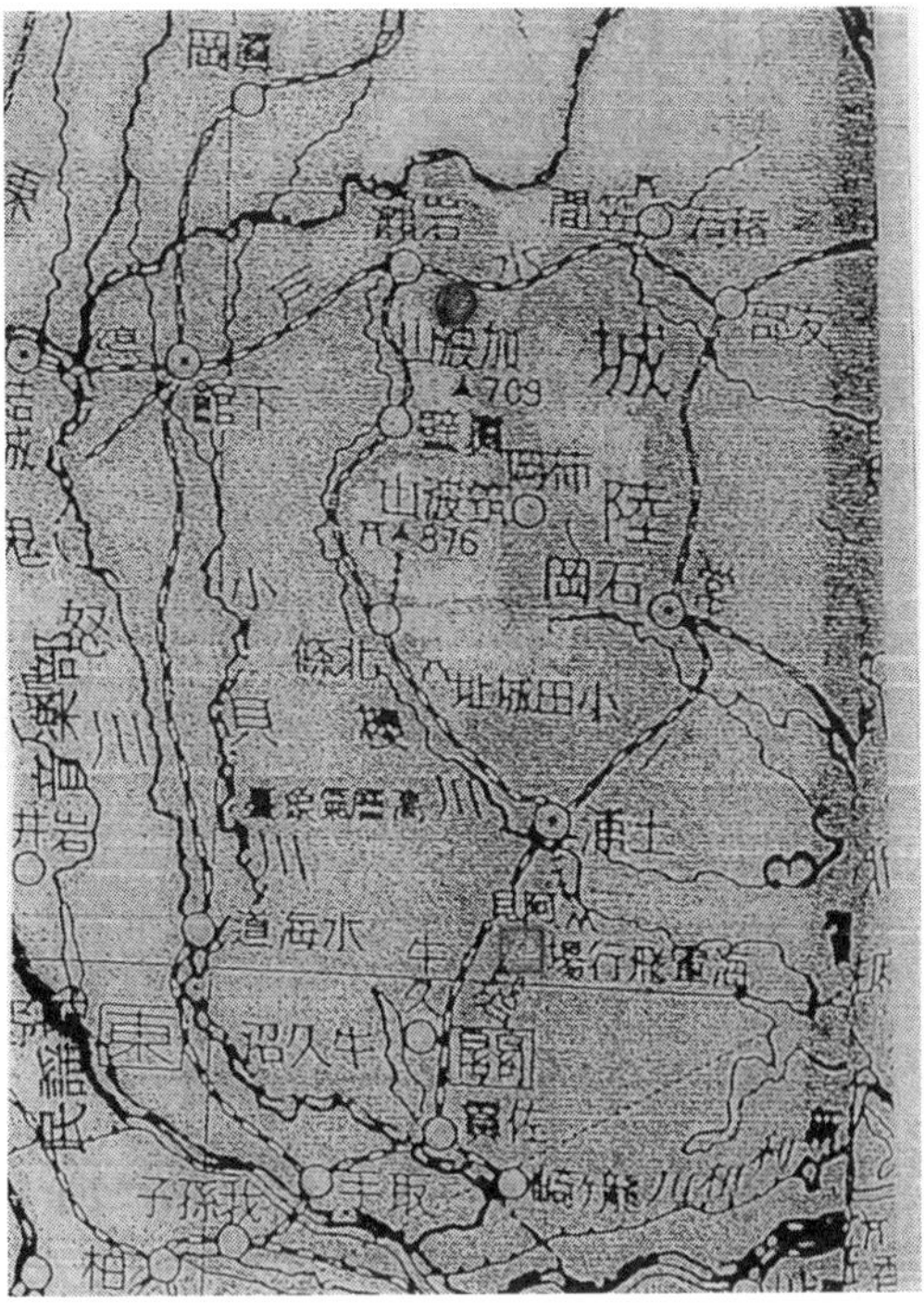

福原要図　●福原　□一空廠本廠

給食量から単純に逆算すると総数四千人弱、正に一空廠福原分廠といってもいい規模であった。橘花にかける期待と取組みが如何に壮大な構想であったかを裏付けるものではなかろうか。

工作機械は総数二百二台に達した。特殊フライス盤、万能フライス盤、竪フライス盤、横フライス盤、ターレット盤、旋盤（特殊から八呎《フィート》迄）、竪削盤、平削盤、ラヂアルボール盤、研磨盤、精密中削盤、三〇馬力パワーブレーキ、二三〇屯油圧プレス、三〇馬力エアハンマー、一二〇〇度電気炉等、本廠の二百台に匹敵する数であった。この規模は同じく疎開工場である荒川沖工場の四台、牛久の十二台、沖新田の七台に比べると桁外れの数であり、福原へどれ程期待と比重をかけたか設備面からも知る事が出来る。又別の資料によると、終戦時の軍需資材で特殊鋼材は六三屯、伸鋼品は二屯と記録されている。

それにも拘らず、この壮大な計画からは遂に唯一機の完成機も送り出すに至らなかった。その実を挙げ戦力に寄与する日を見ずに戦いは終わった。軍極秘工事は悉く水泡に帰し、一般にはその片鱗すら知られる事なく、幻で消滅したのである。

山間の民家には戦後いち早く電灯が点った。二〇世紀も半ばになって遅れ馳せ乍ら、やっと文明の恩恵に浴したのが、福原工場建設による唯一の置土産となった。

福原は今ひっそりと再び静かな山里に戻っている。

ロ　海軍設営隊の健闘

海軍設営隊は基地等の敷地造成、道路、築城、居住、給水、電気、修理工場等の設営を担当した。

福原工場建設に従事した二つの部隊につきその足跡をまとめてみる。

Ⅰ　第三〇一四設営隊

昭和十九年十二月十五日発令（海軍省）

横須賀海軍施設部第一課長海軍技術中佐　中川正一

兼補第三千十四設営隊長

横須賀海軍施設部附海軍技術大尉　松浦　誠

横須賀海軍施設部副部員海軍技術中尉　士竪　秀

横須賀海軍施設部副部員海軍技術少尉　田中　実

補第三千十四設営隊附

横鎮所属の第三〇一四設営隊が編成されたのは、昭和十九年の暮、十二月十五日であった。同隊第二代隊長となった松浦誠氏の記録を中心にまとめると、大要次の通りである。

(1)　編　成

外地行の設営隊集結地（神奈川県藤沢空の近く）で編成された。当初香港の近くへ派遣される

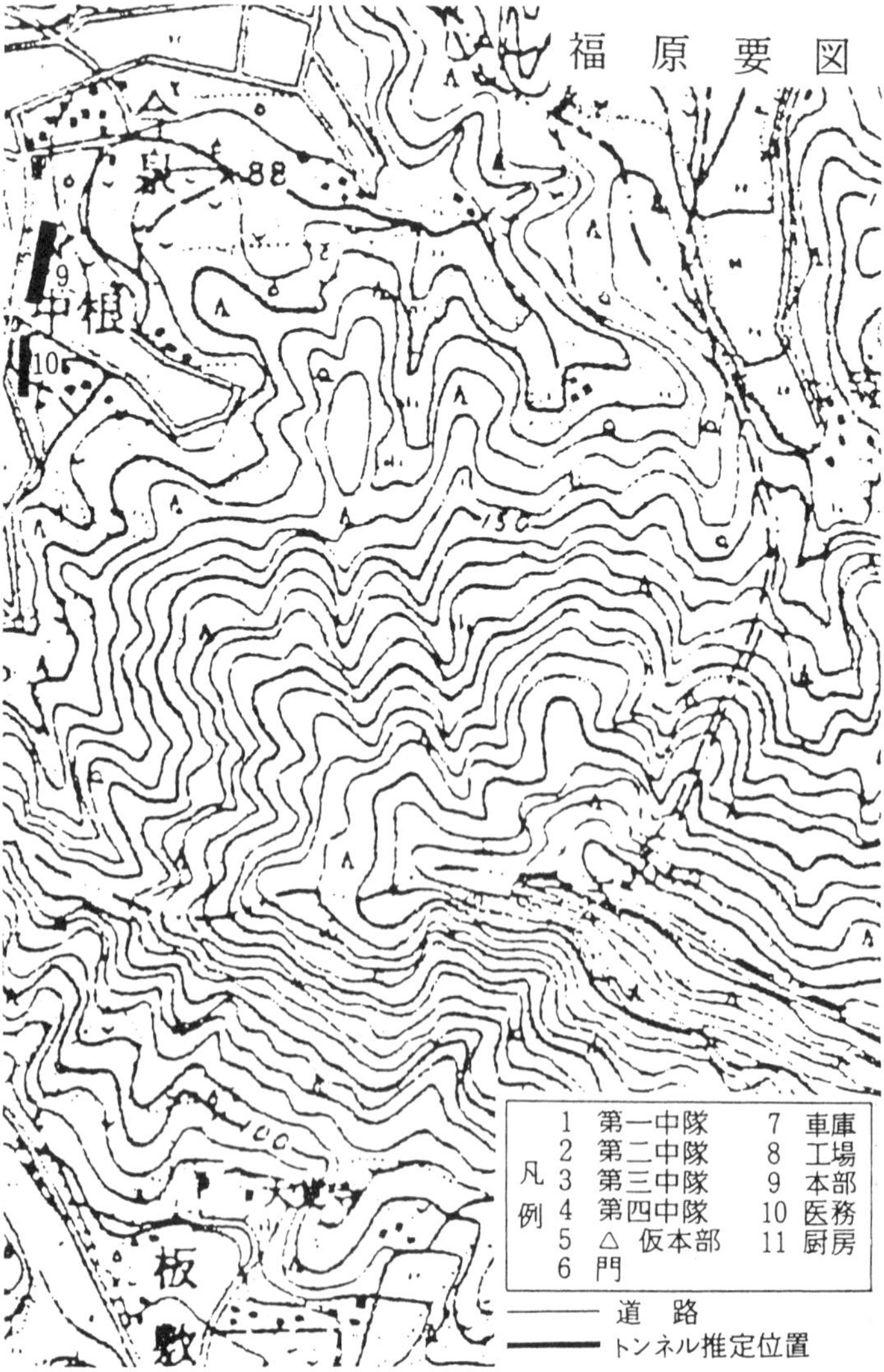
福原要図
中根
板
敷
凡例
1 第一中隊
2 第二中隊
3 第三中隊
4 第四中隊
5 △ 仮本部
6 門
7 車庫
8 工場
9 本部
10 医務
11 厨房
道路
トンネル推定位置

墜道及設営隊位置図

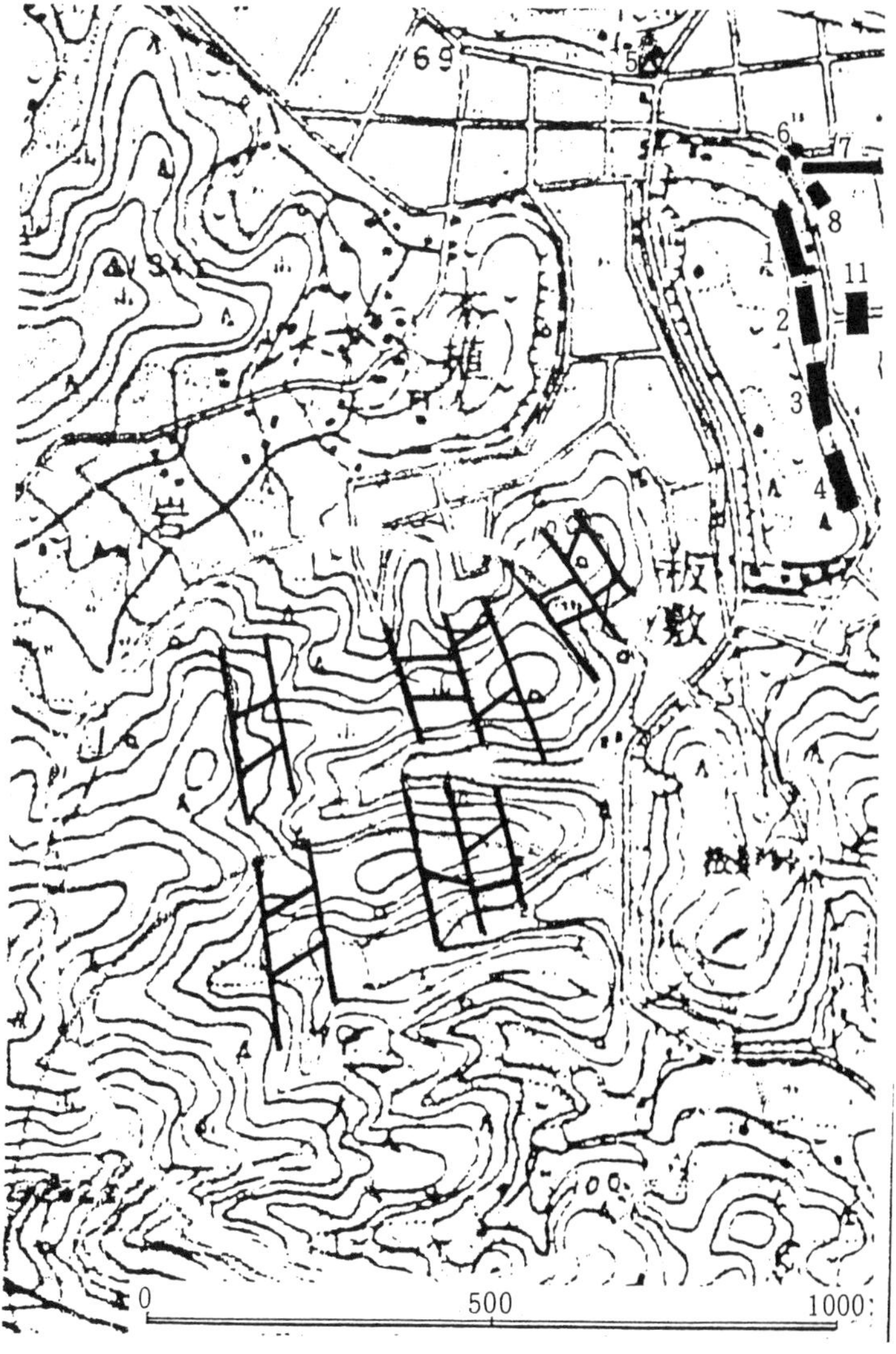
69
5
6
7
8
1
11
2
3
4
0
500
1000

予定の処、集結中福原へ変更された。

(2)　幹　部

隊長　中川正一技術中佐（横施第一課長兼任）在隊せず

副長　松浦　誠技術大尉（二十年隊長となる）

技術科

第一中隊（輸送・修理工場）

中隊長　士堅　秀技術中尉（兼）

第二中隊（土木）

中隊長　士堅　秀技術中尉

設営隊長として転出

水谷武夫技術中尉（後任）

第三中隊（建築）

中隊長　赤松精治技術中尉

第四中隊（隧道・電気）

中隊長　田中　実技術少尉

主計科　　主計長　徳野　治主計中尉　勝村　肇主計少尉（後任）

軍医科　　軍医長　　加藤　豊軍医少尉
兵　科　　甲板士官　森田時哉少尉

(3)　隊員の構成

兵科電信兵数名を含む約二十名（武器としては小銃約二十挺のみ）

第一～第四中隊員約一千百名は、第二国民兵を召集したもので平均年齢三十歳後半か四十歳に近く、士気は旺盛とは言い難いが建築関係のあらゆる職種を含んで、技能的にすぐれた者が多かった。

(4)　福原進出

神奈川県藤沢に集結後、部隊は一旦荒川沖附近に進出。先遣隊を福原へ派遣し、諸施設の建設に当り兵舎その他の施設（主計医務関係を含む）が完成した時点で、全隊が同地区に入った。副長、主計長、軍医長、第四中隊長（トンネル担当）は先遣隊と共に現地入りし、今泉地内の別図の△印の民家を仮本部とした。第二中隊の一部は道路の整備に当り、第三中隊は宿舎の建設、第四中隊の一部は電灯工事（現地には電灯照明全くなし）及び福原駅から現地までの動力線工事を行った。これら先遣隊員は民家に分宿して作業に専念した。

(5)　工事の概要

工事目的　地下組立工場の建設

設　計　横須賀海軍施設部霞ケ浦工事事務所

規　模　約一〇、〇〇〇平方米のトンネル

工事設計に関する一空廠側との打ち合わせは、霞ケ浦工事事務所がすべて行い、設営隊側は最終的に決定された設計図面と工事事務所の説明により設営を開始した。現地に一空廠の駐在者はなく途中工事に関する質疑や協議はすべて工事事務所と行った。

工　期　一年

(6)　作業状況

部隊関係の建物工場等を設けた場所は、現地決定なので民有地であった。

工事は三本のトンネルを片側から同時に掘り進め、作業は昼夜三交代で行われた。地質は、花崗岩地帯の為本格的掘削が必要であった。工期を短縮する為に支線工を用いない方法も試みたが、崩壊の危険大きく松材の支柱矢板を用いた。電さく空さく爆破を使い乍ら掘削せざるを得ず、進捗状況は、一年後で約四〇〇〇平方米にとどまった。

建設機械としてブルドーザー六台が配属されていたが、飛行場建設用のものなので、ここでは役に立たなかった。作業は松材を山から伐り出すことから始めた。製材車で矢板を製材した。約三〇台のトラックは稼動率三分の二を確保し、支柱矢板の運搬残土処分に活躍した。

掘り出した残土はトンネル近くの段々畑に処分、網をかぶせ草で覆ったが、空中から味方飛行機で確認した結果、偽装効果は期待できなかった。

(7)　部隊の転進

十九年末、福島県喜多方町の西方山都に、松根油施設建設の為第三中隊と第二中隊の一部を派遣、二十年七月栃木県今市附近に爆薬製造の為の地下工場建設の命を受け、先遣隊を派遣した。福原は掘削中止後主支線工の整備など、掘削部分の使用の為の整備に当っていたが、残留部隊すべてを列車にて今市へ収容した。これは今市における準備の進捗状況から決めた事だが、全く偶然にもその日は八月十五日のことであった。

II　第三〇二三設営隊

同じく横鎮所属、横施派遣の第三〇二三設営隊は、二十年七月一日編成され、福原工場防護施既建設の任務を帯びて現地に投入された。

構成は次の通りである。

隊　長　水谷　武技術大尉
技術科　鶴田千里技術中尉
三和　猛技術少尉

広田基彦技術曹長
成瀬正義技術曹長
上村圭一技術曹長
新井正春技術曹長
軍医科　大高　一軍医中尉
主計科　斉藤弥助主計少尉
部隊の解員は三〇一四隊と同じく八月二十二日であった。

第三章

初飛行に成功

木更津基地の滑走路、橘花スタート地点より発進方向を望む

第一節　ジェット機部隊発足

イ　七二四空の編成

我が国初のジェット機部隊は、昭和二十年七月一日神ノ池航空基地（茨城県鹿島郡）を原駐基地として開隊した。帝国海軍航空史上に於いて、戦局起死回生の期待を担う正に画期的出来事である。編成定員は次の通りであった。

司　令	大佐	一
副　長	中佐	一
副　官	少佐、大尉	一
飛行長	中佐	一
通信長兼分隊長	中少佐	一
内務長兼分隊長	中少佐	一

修補長	中少佐	一
飛行隊長	中少佐	三
分隊長	少佐、大尉	一三
隊　附	中少佐	一
	兵科尉官	六二
軍医長	軍医中少佐	一
分隊長	軍医少佐、軍医大尉	一
隊　附	軍医科尉官	二
主計長	主計中少佐	一
分隊長	主計少佐、主計大尉	一
隊　附	主計科尉官	一
隊　附	中少尉（水）	三
	中少尉（飛）	一八
	中少尉（整）	一一
	中少尉（機）	一
	中少尉（工）	一

衛生中少尉　一
主計中少尉（主）　一

計士官九十三名、特務士官三十六名、ほかに準士官四十名、下士官四百三十九名、兵千四百七十七名を以って構成した。

ロ　海空史の夜明け

第七二四海軍航空隊（略称・七二四空《ナナフタヨン》＝連合艦隊附属）は橘花専任部隊で、初代司令には伊東祐満大佐が任ぜられた。

同司令はかつて大尉時代の昭和九年、空技廠の飛行実験部に籍をおいた。又、昭和十六年十二月五日「ロケット推進法ヲ研究シ之ガ実用化ヲ図ル」目的で、空技廠に設置された「特殊推進法研究委員会」の有力委員でもあった。同会委員長が後に一空廠長となった松笠潔機関大佐（当時）であった事、やがて橘花の製造を一空廠で行った事など、相互に縁浅からぬものがある。

開隊前日の六月三十日、一軍工で組立中の橘花第一号機は第一回地上運転にこぎつけたところであった。他方、航空本部巖谷技術中佐らはその量産の打ち合わせをし、複操機改装と全艤装工事をも一空廠で実施する事を決めた。

七月一日、一連の人事は進み、我が国初のジェット機部隊は輝かしい夜明けを迎えた。

横須賀海軍航空隊附海軍大佐　伊東祐満

補第七二四海軍航空隊司令兼副長

横須賀海軍航空隊附海軍少佐　多田篤次

補第七二四海軍航空隊飛行長

海軍軍医少佐　野村秀喜

補第七二四海軍航空隊軍医長兼分隊長

第七六五海軍航空隊附海軍大尉　山下哲男

補第七二四海軍航空隊分隊長

第二一〇海軍航空隊附海軍大尉　大平　洋

補第七二四海軍航空隊分隊長

百里原海軍航空隊附兼教官海軍大尉　東條重道

補第七二四海軍航空隊附

第一海軍技術廠総務部部員兼横須賀海軍航空隊附海軍少佐　矢内久太郎

横須賀海軍航空隊附海軍中尉　小針　清

（通各）　　　　　横須賀海軍航空隊附兼第一海軍技術廠附海軍中尉　兼古龍士
　　　　　　　　　　　　　　　　　　　　　　　同　羽鳥忠雄
　　　　　　　　　　　　　　　　　　　　　　　同　安田林平
袖第七二四海軍航空隊附
（通各）　　　　　　横須賀海軍航空隊附兼第一海軍技術廠附海軍大尉　角　信郎
　　　　　　　　第一海軍技術廠噴進部部員兼横須賀海軍航空隊附海軍大尉　三原　誠
補第七二四海軍航空隊分隊長

部隊は横須賀で編成の後、青森県三沢基地へ進出、態勢を整え訓練に入る事となった。八甲田山を西に仰ぐ三沢基地には、幹部以下予備学生、予科練生等の要員が続々と集結した。土浦空甲一四期一次（一九、四、一入隊）二三六〇名の中からは、三三六名が橘花要員として七二四空へ転出していった。

基地では早速米軍機来襲の間隙を縫って、九九艦爆を使い離着陸の錬成を開始した。隊員は航空史上初のジェット機部隊の誇りで血潮は高鳴った。夏空の下敵艦必殺の気魄と攻撃精神に溢れる猛訓練は続いた。

三沢には横空審査部が既に疎開しており、六月十八日には飛行実験の準備は完了していた。そして一式陸攻の腹にジェットエンヂンを装架して、飛行中に火を入れて実験を試みた。高空での性能状態の変化及び馬力の出方実態を調べる為であった。

一技廠秦野実験部隊では芹沢技術中尉ら士官数名に飛行服一揃が支給され、橘花にいつでも搭乗できる態勢がとられていた。これは一空廠で改造中の複操機に同乗し、性能テストに臨む目的だったと解釈される。

そして三沢基地の七二四空幹部は、実機の完成を持ちこがれ、木更津での初飛行の成果をかたずをのんで見守っていたのである。

日本経済新聞の『私の履歴書』(平成八年二月十七日付)に、兼松名誉顧問・鈴木英夫氏の戦時中の軍歴が連載された。その中に三沢基地の七二四空開隊式で、司令伊藤祐満大佐の訓示があり、部隊幹部からも「自覚を持って御奉公せよ」との激励があった、と記している。

第二節　木更津の空

イ　基地の守り

房総半島の内房側ほぼ中央に位置する木更津基地は、東京湾に面し南北約一・七粁、東西約一・二粁その対角線に長さ一六五〇米幅八〇米の主滑走路、南北に一五〇〇×八〇、東西に一二〇〇×八〇の副滑走路（何れもアスファルト舗装）を有し、東方には二空廠があった。

市街地側から正門を入ると木更津空神社（昭和十一年四月一日入魂）が鎮座し、次いで三階建庁舎が通路左側に、その向かい側には格納庫七棟が連なった。

海側には戦闘機用の有蓋掩体壕が十ヵ所、北方松林や周辺には中攻用無蓋掩体三十六ヵ所、戦闘機用隠蔽掩体十九ヵ所が設営され、指揮所、通信、燃料庫、弾薬庫、魚雷庫、隧道耐弾施設が完了した。

木更津海軍航空隊々歌

一、東天高く赫耀と
輝く御稜威《みいつ》畏みて
必勝一死征空の
技をば磨く荒鷲の
無敵の雄姿君みずや
奮《ふる》え木更津航空隊

二、君津の浜や袖ケ浦
鏡の如く凪《な》ぎ渡る
東京湾の明け暮れる
翼の下にかき抱く
蒼空《みそら》の塁《とりで》雲の城
これぞ我らが航空隊

三、疾風怒濤海を越え
抗日支那の膺懲に
殊勲をたてし勇士らの
育ての親はわが隊ぞ
不滅の誉いや高き
渡洋中攻爆撃隊

四、戦火のなかに大君の
尊き行幸《みゆき》仰ぎたる
感激は日々に新たなり
八紘すべて宇《いえ》となす
聖勅今や燦として
照らす亜細亜の共栄圏

五、霊峰富士に雪白く
風浪高し四つの海
いざ忠魂を銀《しろがね》の
翼にのせて我征かん
揺がぬ皇国《くに》の礎を
築け木更津航空隊

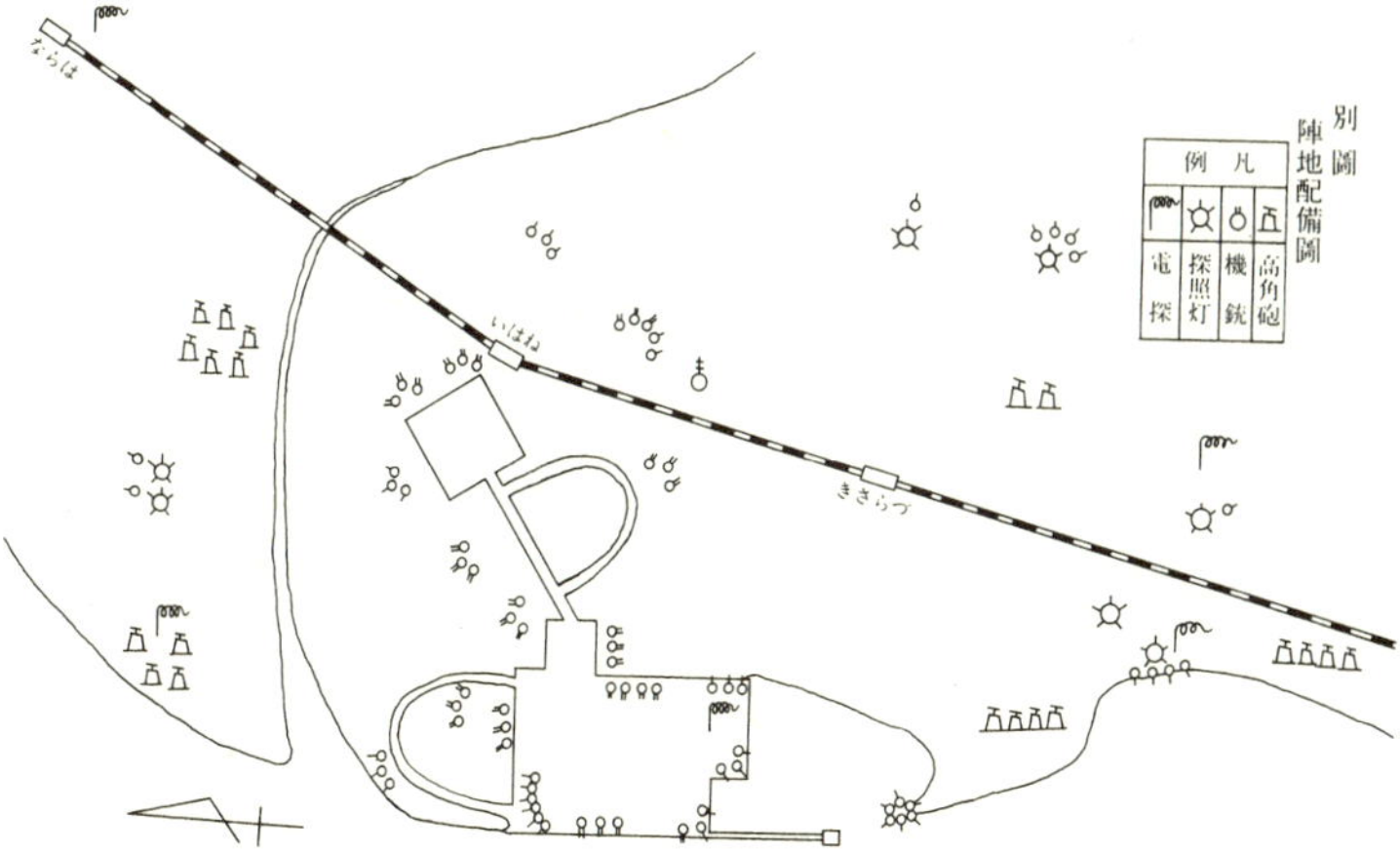

木更津砲台陣地配備図

ここに三航艦は司令部を進め、関東、中部、近畿地方を配備地域として一三、五三、七一航空戦隊を指揮下におき、兵力千七百五十二機（二十年八月一日現在、内戦闘機五百六十三、攻撃機四百三、他）を保有した。

この一帯に布陣し警備任務にあたったのが木更津防空砲台である。その概要は次の通りであった。

(一)任務　木更津航空基地及第二海軍航空廠附近ニ来襲スル敵機ヲ邀撃シ是ヲ防衛セントス

作戦準備　第二警戒配備トシ防空凧ハ即時揚方準備ヲ完成シ特ニ警戒ヲ厳ニセリ

(二)兵器

	七月十日数	終戦時数
十二・七糎高角砲	四門	四門

十二糎高角砲	一八門	一八門
二式高射装置	四基	四基
二十五粍機銃	一一五門	一一五門
十三粍機銃	八門	七門
七・七粍機銃		二門
射撃用電探	二基	二基
照射用電探	一基	一基
見張用電探	二基	二基
百五十糎探照灯	七基	一二基

㈢人員

準士官以上	二六名
下士官兵	一三〇一名

この数字は同じく千葉県内で茂原空を警備する茂原砲台に比べると、はるかに大規模であった。

因みに同砲台の装備は左の通り。

人員　士官三名、下士官兵一五九名

兵器　九九式二十五粍機銃　聯装　四基

同　　　　　単装　一五基

一方、基地からは特攻機が編隊を組まずごく少数で一機二機と出撃していった。中には敵を発見出来ずに帰投して来た。降り損なって海岸につっ込んだり、又被弾して火ダルマとなって地上にぶつかり黒焦げとなる機さえあった。

ロ　ヨーイ　テ！

空技廠の山側でふかせるエンヂンの轟音を、横空審査部々員高岡迪少佐は時折聞いてはいた。しかし全く他人事でしかなかった。ところがそのエンヂンを積んだ橘花のテスト飛行の御鉢が廻って来たのである。

「初めての飛行の機種をテストする時、大変こわくていやなのは、初飛行、錐もみ、急降下試験であった。現在はいろいろと研究が進んで、相当程度の可能性を見きわめ、又危険性に対しては充分なる生存への対策がとられているので、昔程のこわさはないと思われるが、現在でも此の三つは矢張り相当に怖いものである。（中略）本当に初飛行の経験者は私一人の様であったので、一番人の好い私に担当がまわって来て嫌応なしに決定された。又戦局の関係で試験実施に急を要する為、中島飛行機のテストパイロットに試験飛行の実施をやらせず、海軍が直接

之を実施する事に決定された」『私の乗った飛んだ飛行機』高岡迪、五二・六・一七起稿、一三頁

横空審査部（空技廠飛行実験部は十九年七月十日改る）部員数人の中で、初飛行経験者は同少佐だけだった事と何にもまして、重大使命に際しその優れた技量が買われたものであろう。

橘花は通常の製作課程と異なって試作と量産とが同時進行で行われた。従って同機には未だ取扱説明書が出来ていなかった。そこで少佐は止むなく先ず設計書を綿密に見て問題点を洗い出した。

橘花に転用された零戦主輪

要約するとその一つは離陸促進ロケット推進軸の問題、その二はエンジン加速と低速時制御装置の点、その三は新採用の前輪式車輪に対しステアリングの必要性（速度が大きいと旋回が殆ど出来ない）、その四はブレーキの制動力不足であった。

主輪は零戦のを転用したもので、これを新設計に改めるには半年を要するとされた。離陸時零戦は六〇ノットだが橘花は一〇〇ノットになる。この制動力改善もまた同様の日時を必要とした。

この弱点が後日第二回テスト時に海中突入を招き、その指摘が顕在化する。このほかにも未解決項目は幾つもあったが、見切り発車する程事態は切迫していたのである。

少佐は当時の追いつめられた戦況に照らして、一〇〇パーセント中の八〇パーセント安全の見通しが立てば、即ち生存が見込めるならあとの二〇パーセントの危険性、手足が折れるかも知れない位の事は覚悟の上でこの大役を受諾した。

テストパイロット高岡少佐は背の高い美男子で、その体の大きさとは逆に非常に事細かく入念に技術的内容を質問する等大そう慎重なタイプであった、とはエンジン担当芹沢技術中尉の印象である。少佐の胸には未完成機を駆って使命達成に挑戦する決意と不安が潜んでいたのであろう。

ミッドウェー海戦の生き残りでしかも強運の主である角信郎大尉（七五二空整備分隊長・木更津基地）に、二十年二月十二日突然転属命令が出た。「横須賀海軍航空隊附兼海軍航空技術廠附」との肩書で、橘花の開発試験支援、整備技術確立、そして整備基幹要員の養成がその任務であった。

「種子島時休大佐（機三一）による航空工学（発動機）の講義は異色であった。恰幅の良い大佐のエンジン講義は独特の味があったが、タービンロケット（今のジェットエンジンのこと）の話に及ぶと熱が入る。私が終戦間近タービンロケット機橘花を担当することは夢想だにしなかったが……」（角信郎『思い出』　一一〇頁）

製作中の中島飛行機の蚕小屋へは、角大尉と羽鳥中尉と二人で視察に出向いた。そして三月からは秦野へ行きっぱなしでその整備に当たった。実験場ではキーンというカン高い音が丹沢の山にこだましたのであった。

官房機密一〇九三訓令が発せられ木更津での試飛行が決定すると各種の準備が始まった。一号機（試製橘花）は七月八日に動翼やエンジン等外せる部分は分解梱包された。そして機体と共にトラックで木更津基地へ向け発送された。一軍工からの派遣要員小堀猛隊員らは基地近隣の農家に分宿した。一軍工技師らも木更津入りして、飛行場端の掩体壕に集り日夜橘花の整備に余念がなかった。

一技廠秦野実験場の芹沢技術中尉も八月初め種子島大佐、永野技術少佐と一緒に木更津へ出向いた。その後も秦野と木更津との間を往復してエンヂン運転の万全を期した。

角大尉は整備の指揮をとり自らも地上で操縦桿を握って試運転を担当した。一技廠副部員和田中尉は七月二十七日、第一回の地上滑走試験を行いブレーキのヤキ入れ（なじむ様に馴らす）や方向性保持、停止の具合等をチェックした。二十九日には高岡少佐が第二回第三回の地上滑走を試みた。

テスト中に一度トラブルが起きた。地上へ鎖をつけて離陸促進ロケットに点火した際、杭が脚の付根を壊した。一軍工の工員が来て機体の皺《ひだ》と皺《しわ》を徹夜で修理した。八月六日に数機の敵が飛

基地内に残る掩体壕

行場を攻撃ヒヤリとしたが、橘花は掩体壕の中で無事であった。

八月七日の新聞は、昨六日米空軍のB29が広島に高性能爆弾を投下と報じた。海軍ではこれを原子爆弾と分かっていて、戦争はもう永くはない、終戦処理だナとの声も聞かれた。

この日は天気晴、視界は良好、高さ一〇〇〇米位の所に千切れ雲があって海側からは五～六米の南西風が吹き、初飛行にはうってつけの気象条件であった。

木更津は大凡北緯三五度二一分、東経一三九度五五分だが、この地点に於ける二十年八月七日の気象観測データは現存していない。間近の館山測候所（北緯三四度五九分、東経一三九度五二分）の観測記録を示せば次の通りである。

八月七日	六時	一二時	一四時
雲量	○	○	○

雲形	層雲	積雲	巻雲、積雲
気温	二一・八度C	二八・五度C	二九・六度c
湿度	九一％	五九％	五六％
風向	・	SW	SW
風速	〇	三・五米	四・三米

八月四日と五日の日中は割に雲が多く南西又は南の風が吹いた。六日は次第に雲が少なくなり、気温も上昇し正午には三〇・一度Cを指した。そして七日は朝から晴れ渡り絶好のテスト日和となった。定時観測時刻（六、一二、一四、一八、二二時）すべて雲量〇を記録したのは、八月一ヵ月間でこの一日のみであった。

掩体壕前に姿を現わした橘花は、胴体に日の丸がクッキリと鮮かで十時三十分頃、第七駆動車によって起動されエンジンは快調であった。機は松林側である主滑走路の北東端地点で、機首を南西に向け、午後一時スタート位置についた。

パイロット高岡少佐はブレーキを一杯に踏んで、スロットルレバーをグーッと前へ押す。エンジンの回転数が上がる、一一〇〇〇回転。排気温度、油圧等計器を確かめてからエンジンを絞る。再びスロットルを全開加速する。地上の計測員に右手を上げてヨーイと出発準備完了を合図、一呼吸おいてテー！　と右手を下ろす。出発を知らせると同時にブレーキを放した。背中にスムーズな加速を感じ、橘花はスーッと前進し始め速度を増す。

一空廠飛行機部長篠田大佐は、同部々員眞乗坊隆技術大尉に橘花試飛行の立ち合いを命じた。大尉は八月はじめ木更津基地に到着した。出張後は地上滑走の段階からこれを視察していた。

三木忠直技術中佐は飛行機部第三班長として、新製機全般を担当してたので、橘花は設計の段階から関係し、この日は伊東祐満大佐と一緒に腰を下してすべてを見ていた。

当時仮設詰所には佐官級はじめ二十〜三十人が飛行に立ち合った。主に滑走路の西側に並んでこれを見守った。その中の一人、眞乗坊大尉はプロペラのない飛行機が轟音と共に目の前をつっきるのを、感激と驚きをもって見つめた。橘花は翔んだ！

眞乗坊技術大尉は一空廠製橘花が、大空を翔ける光景を目のあたりにした、唯一人の一空廠部員である。その唸りはプロペラ機とはまるで違うキーンという金属音であった。プロペラ付の飛行機しか見た事のない大尉には、水平飛行を側面から見ると胴体だけが空中を走ってる感じでもあった。

飛行中の感想を高岡少佐は次の通り記している。

「離陸から上昇にかけて特に癖を感じない。円滑な感じである。軽荷のためか上昇力も素適でグングンと上昇してくる。特に悪い点は見当らず、安定性と同じく次回の飛行はこの儘で継続できると思う。（中略）キーンという音が聞えるだけで、振動とてなく乗って飛んだことのな

第二節　木更津の空

いグライダーもかくやと思われる」
機は脚を出したまま右旋回をして東京湾上を一周し、ゆっくりと着陸した。この橘花を飛ばした燃料は松の根を蒸溜して作った松根油だったのである。ミルクを薄めた様な白く濁った液体がジェットエンヂンを燃やしたのである。これは飛行成功の反面、国力の低下日本の末期を象徴する姿でもあった。
一技廠の報告書「松根油ノ実験ニ関スル研究」は、
航空揮発油ノ代用燃料トシテ水添又ハ接触分解ニ依リ製造セル松根油ハ現用航揮ニ比シ何等ノ遜色ナク実用飛行実験終了シアリ尚簡易処理松根油二四〇%ノ「アルコール」ヲ投入セシモノガ航空八七揮発油又ハ航空八七揮発油丙□□等ニ使用可能ナルコトヲ確認セリ
とある。
日を追って加わる航空燃料の欠乏に対し、軍は松根油の脱酸と沸点三〇〇度C以下の脱酸油の航空揮発油化に重点をおいた。そして昭和二十年末までに松根油二〇万粁立の生産計画を樹て強力にこれを推進した、と『日本航空燃料史』は記している。

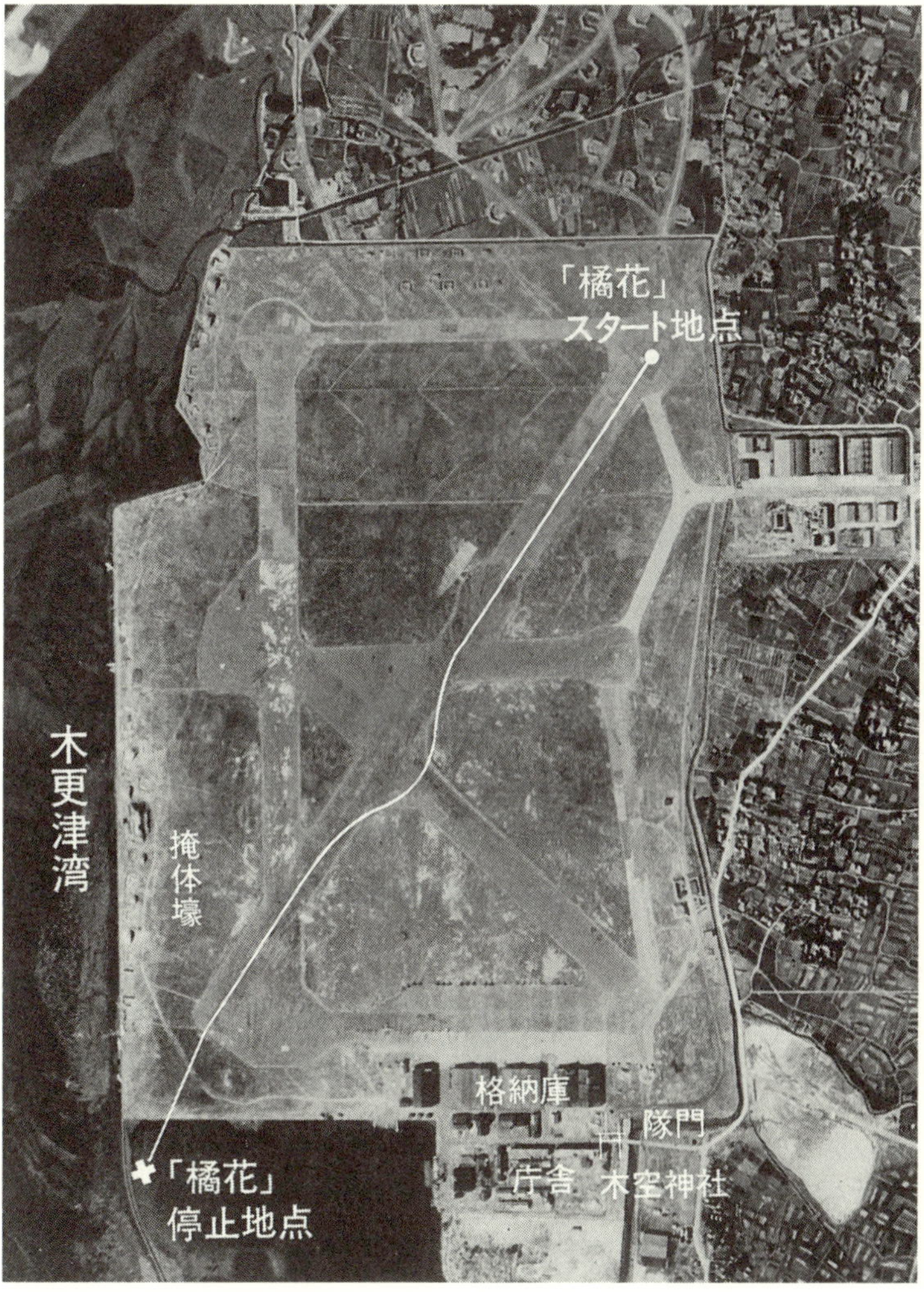

第二回飛行時のコース　建設省国土地理院　届出済

八　喜びに湧く

「初飛行成功を一番喜んだのは種子島大佐であった。あの謹厳な人が満面笑みを浮べて迎えた。その顔は印象的で四十余年経った今尚記憶に新たである」、と高岡氏は筆者に語った。

橘花が木更津の空に浮き上がったのを目にした時には、手足が機械人形のようにひとりでにはねまわるのを止めることができなかった。（永野治「戦時中のジェットエンジン事始め」『鉄と鋼』所収、第六四年（一九七八）第五号　六六三頁）

その夜、宿舎で噴進機部長、種子島機関大佐（後少将）、高岡迪少佐（後中佐）、永野治技術中佐等と心ばかりの祝盃を挙げた、（電実会編『呉海軍工廠電気実験部の記録』五三・五・二五発行　二三九頁）と記されている。

芹沢技術中尉も木空庁舎で関係士官と共に乾盃をした。基地司令からは黒松白鹿一箱が寄贈された。軍令部参謀国定謙男少佐（高岡少佐のクラスメート）が届けてくれたサントリーウイスキーも、悉く飲み干されたのか宴のあと一本も残らなかった。

さて、初飛行成功を見届けた眞乗坊技術大尉は、喜びの報を持って霞ケ浦の本廠へと急いだ。橘花は急襲とか奇襲とかの攻撃用にもってこいだ、との感想をいち早く知らせたかったのである。

だが途中鉄道交通の事情は悪く、その上空襲等のアクシデントが重なって、一空廠へ着いたのは翌八日の夜となっていた。報告その他事務処理を行った後、大尉は再度木更津へ向かう事となる。八月八日ソ連は満洲国に怒濤の如く不意打侵入を開始した。九日には長崎に二発目の原爆が投下された。悲報が続く中の十一日、橘花はお偉方が綺羅星の如く滑走路前に並ぶ前で、第二回目の飛行を行った。この公式飛行は残念にも離陸に失敗し、滑走路先端をオーバーし海辺に突込んで機体は停止した。

十一日の第二回飛行立ち合いに出張した眞乗坊技術大尉は、乗物の都合で遅延した。木更津へ到着した時飛行は既に不成功に終わっていた。要務の終わった大尉は一空廠へ戻った。そして直ぐに小泉の工場へ出張の段取りであった。小泉の組立工場には橘花二号機以降が並んでるのを見ていたので、二号機はすぐ使える筈だと思ったからである。ところが重大放送があるから、その前は動くなとの指示で出張予定を延期した。

大尉以下設計係は十五日、疎開工場（朝日第三国民学校）校門脇の大欅の木陰にラジオを出し、正午の玉音放送を聞き終戦を知った。「隣人と思っていたソ連の火事場ドロボーで敗戦となった」（伊東祐満著「繋留気球もらえず」『橘花と七二四空』所収、一二二頁）のである。

これより前、試飛行は橘花二号機による第三回を計画し場所は滑走路の長い厚木基地を予定した。その準備の為十五日、七二四空木更津派遣隊長角大尉は部下数十名を率いて木更津を発ち、厚木に着いたのは夕刻であった。基地では司令小園大佐以下が徹底抗戦を叫び、楠公の七生報国の旗が林立していた。

ところで十一日、一号機の機体はどうなったであろうか。兵達が海中からの引揚作業を始め、芹沢技術中尉もズブ濡れになり乍らこれを手伝った。折から海水は次第に満ちて来て、ヒタヒタと胴体の下位迄に達した。

海上保安庁水路部の資料を調べると、八月十一日の満潮時刻は六時三十分と十九時十分であった。この日は大潮なので干潮の十三時と満潮の十九時十分とでは潮位の干満差は一六〇糎あった。従って水位の上昇から推定すれば、この引湯作業の時刻は大凡午後四時前後ではなかったろうか。そしてこの機体は後に陸上のどこかの建物か掩体壕に収容された筈である。

「我々は徹宵機体発動機の潮出しを行ない、直ちに二号機の整備にとりかかった。失われた時間をとりかえすために我々は狂奔した。しかし其の努力はすぐに無用となった。それから四日目に終戦となったからである」(永野治著『ガスタービンの研究』一八・八・五　鳳文書林発行二〇頁)

戦後に木更津空が米軍に報告した引渡目録によれば、飛行機種、機数は左の通りであった。銀河六、紫電六、流星三一、彗星一、彩雲四二、天山二、白菊二、中練一、練戦一

これらは基地格納庫と前庭に置かれ、八月二十二日の荒天で若干の損害を蒙っていた。

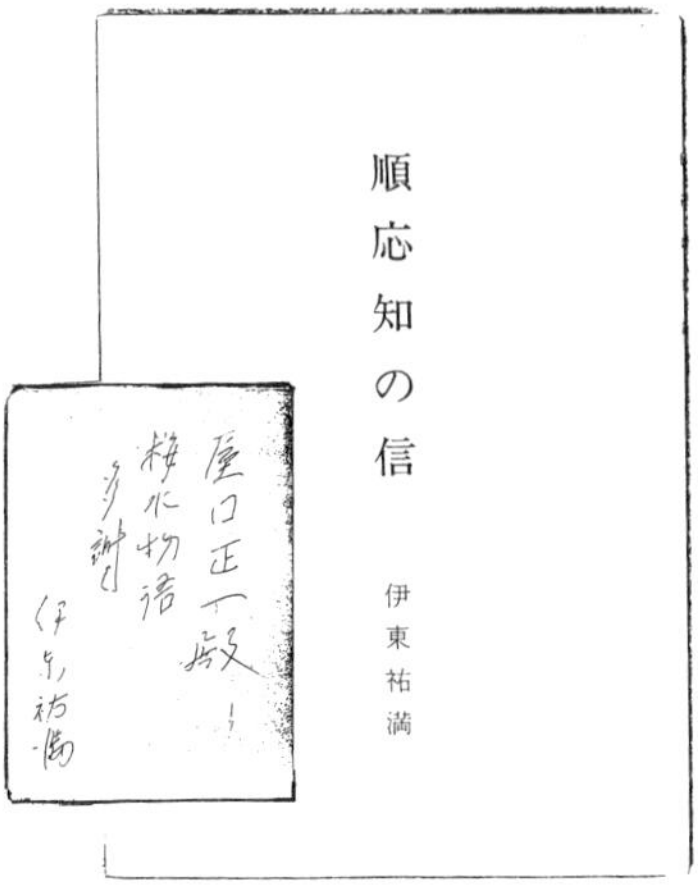

伊東祐満氏の著書と筆跡

隣接する二空廠における飛行機数は四十二機で、補給工場格納庫内に収容され機種内訳は不明である。
従って引湯作業後の一号機の行方所在は判らない。終戦前後の混乱期に小泉へ送られた可能性も少ないのではなかろうか。又、第一回試飛行を撮した映画フィルムは数日後一回だけ映写し、飛行を再現したが終戦と共に焼却されたと伝えられる。木更津の空を天翔けた橘花の雄姿が、後世に遺らないのは残念至極である。

一方、秦野実験所では十四日の晩に終戦の噂が流れた。翌十五日正午の放送を聴いてから空を見上げたら、実にキレイであったのを芹沢技術中尉は今でも覚えている。秦野にあった実験中のエンジンは全部叩きこわされた。書類から何から総ては焼き払われた。

種子島秦野実験所長は所員に最後の訓示を述べた。その中で「将来ジェット機時代はすぐ来ると思うが、日本でその最初の実験を成功させたのはわれわれであるという誇りを永久に心の底に焼きつけ」て貰いたいと涙ぐんだ（「わが国におけるジェットエンジン開発の経過(1)」『機械の研究』第二一巻第一一号、四四頁）。正しく予言通りジェット機時代は到来したのである。職場は

霞風

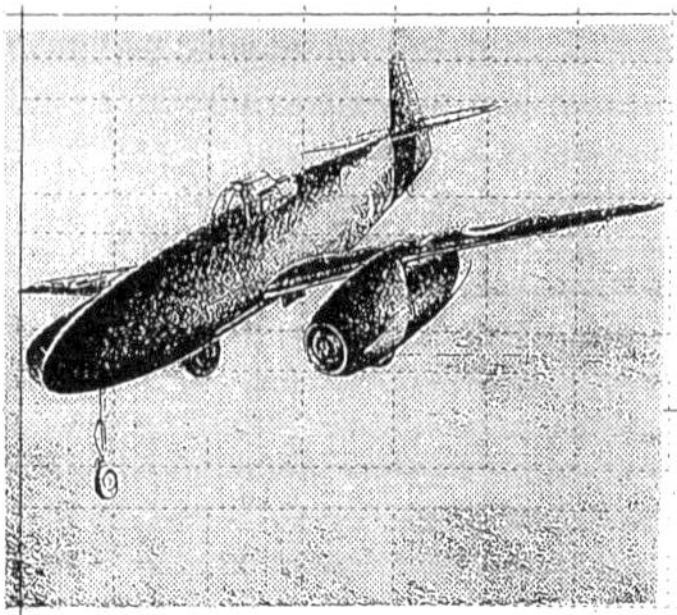

◇きょう七日は、四十五年前に日本でつくられた初のジェット機「橘花」（きっか）＝写真＝が大空を飛んだ日。その飛行機の機体が、土浦でつくられたことを知る人は以外に少ない。

◇太平洋戦争も敗色濃い昭和二十年春、土浦市右籾にあった第一海軍航空廠は、同市大岩田と小松に疎開工場を設置、「橘花」の前後部胴体、尾翼、外翼の生産を担当。その作業に従事していたのが当事の土浦中学（現土浦一高）三年生の一部と土浦高女（現土浦二高）四年生たちだった。

◇土浦で生産された部品は組み立てられ、日本初のジェット機「橘花」は、千葉県木更津の海軍航空隊基地で高岡迪（すすむ）少佐の操縦で大空に舞い上がった。しかし、日本の航空史上に栄光の記録を残した「橘花」はそれ以後二度と飛ばなかった。二回目の飛行テスト前にトラブルがあり、四日後に終戦となったからである。

お別れに士官から工員迄全員で近くの大山へ登った。これが秦野実験所最後の行事であった。

八月十七日、九六陸攻一機が仙台、三沢、大湊、函館上空を飛び「国民諸子ニ告グ、海軍航空隊司令」の伝単を役下した。三沢基地には十二時頃散布し蹶起を呼びかけて北へ向った。

羽鳥中尉の記憶によれば、三沢基地でも又橘花の書類はドラム缶に入れ泪を流し乍ら焼却したとの事である。橘花は戦列につく前に終戦を迎え、七二四空は実機の勇姿を見る事なく解散の日が来た。その命僅か一ヵ月余、犠牲者が出なかったのは只一つの救いであろう。

伊東司令は九月六日海軍航空本部々員へ転じ、十月十日予備役編入となった。戦後は郷里九州へ戻り一時農業に従事した。晩年『順應知の信』を発表し六十三年静かに世を去った。

ジェットエンジン開発に夢を託した種子島大佐は、戦後会社重役や大学教授を歴任の後、六十二年八十五歳を以ってその生涯を閉じた。命日は奇しくも初飛行に成功した八月七日であった。

この命日に就いてはエピソードがある。かねて博士が入院加療中の東京女子医大病院の医師団は、出張を断って迄も団結して看病に専念して呉れた。息を引とった時医師団は望み叶って、思わず万歳して乾盃した。それ程迄初飛行に成功した八月七日に執着し、その日まで命をもたせたかった、というのである。これは大佐のご令嬢である橋本誠子様から電話で直接お聞きした秘話である。

『常陽新聞』平成二年八月七日号は、右の一文を載せた。

第四章　別れの時

国思隊解散時の寄せ書『ながれ』より

第一節　夏　の　炎

イ　職場の終焉

若尾技術少尉は本廠当直勤務明けに終戦の玉音放送を聞いた。以前、実は部下女学生の中に父親が外務省に関係しており、ポツダム宣言受諾工作の真偽を糾す者があった、と耳にしていた。

この日国思隊全員は若草山に集合して放送を聞き、皆は泣いた。戦争継続へ激励のお言葉と予想していた向きもあったから、放心状態、将来に対する不安、無念の泪等様々なものが入り交じった。

土浦には朝鮮人が多かった。彼等が暴動を起こすかも知れないとの不穏感、男女は別々に離島に送られるとの噂等々、不安は一気に募った。

終戦後すぐ秘密兵器がアメリカに漏れてはいけないという事で、橘花は破壊せよとの命令が出た。橘花の青図をトレースした白百合職場の渡辺学徒は、敗戦と分かって秘密図面が敵手に渡る

国思隊工場跡　右側住宅の辺は白百合、ニコニコ職場、正面奥枝の下が朗職場、左の丘が若草山、壕の山、中央田圃は広場跡

のは悔しい、と身を切られる思いで自らの手で井戸前の庭で焼いた。

様々な文書や資料は壕につめ込み、一方の口から火を放った。煙はコ字型壕の反対側から吹き出した。飛行機の部品も焼いた。アルミは焼けた後に叩くとバラバラに崩れたが、タイヤは焼くとゴムが臭うので井戸の中へ投げ込んだ。それらは底から次第に積み上がって地面に近い所まで達したので、その表面には土を被した。又部品や軍刀は池に放って埋没させた。

機体は本廠へ集積し破壊してから広場に埋めた。直ぐにそれでは不充分だというので、掘り起こし今度はガソリンや重油をかけて燃やした。火の手は顔にやたらと熱かった。燃えさかる炎は空を焦がしすべては燃え尽きていった。昼夜を分かたず真心込めて造った機体を、我が手で打ち毀した時の気持ちは、今考えても胸が傷み慚愧の涙が込み上げた。

一空廠は解散に向かって動き出した。

八月十八日　女子挺身隊女子動員学徒退廠式
　二十日　一般採用女子工員並男子動員学徒退廠式
　二十四日　新規徴用工員退廠式
　二十八日　一般採用男子工員退廠式

終戦以後の物品持出しは目を覆うばかり、在るべきものが雲隠れし士官の私物迄が失くなる始末であった。そこで柳田隊長が見たものは、人間の貪欲むき出し浅ましい限りの姿であった。隊長が最も残念に思ったのは、日頃信用していた工員迄がこの期に至って化けの皮を現わし、期待を裏切った事であった。僅か二、三名の者が眼に叶ったのがせめてもの救いであった。

国思隊工場に人影はなくなった。残務整理の為指名した二十五名中出勤者は十名程にとどまった。あの全盛時代に較べれば死んだ様な空虚さで、静寂と場内に並んだ万力台のみが一層淋しさを感じさせた。

隊長は一首をものした。

桜咲く国思乃山を訪ねども
　早や秋風に見るものもなし

ロ　国　思　う

国思ふ道に二つはなかりけり
　戦の場に立つも立たぬも

　国思隊長題詠
白駒乃隙をゆくごと過しのを
　思へば懐し君が面影

剣捨て銃《つつ》は捨つとも武士《もののふ》の
　精神《こころ》捨つるな果ての涯まで
花は散り實は結ばずに果つるとも
　やがて芽を出す山桜かな
二年をかへり見すれば今日の日の
　友の姿に胸《こころ》つまりぬ

海軍技術中尉柳田清一郎退廠の日に　　厚　（筆者註・鉄心隊長矢田部厚技術中尉）
　誠心隊
国敗れて橘花無し
我等の努力遂に空しく悲しき別れを迎へた。
然し我等の斗魂は亡びず。
貴様と俺とは同期の桜
同じ青島の庭に咲く
咲いた花なら散るのは覚悟
見事散りませう国の為
在庁中殆ど起居を共にし、工事を共にした。貴様と俺、くめどもくめども思出は盡きない。貴様と俺は厚チャンと三人で乗りつけたのが養成所——
別るとき
　永久に変らぬ三矢かな
戦はこれからだ。御奮闘を祈る。
　昭和二〇・八・一七
　　山口技中尉

第二節　サラバ一空廠

イ　学徒の退廠

日本は屈服した。新聞が国体護持を報じる頃、女子挺身隊と女子動員学徒は十八日、早くも本廠内で退廠式を行った。しかし国思隊学徒はその後も元職場の士官達の所へ慰問に訪れた。そして閉口する程サイン攻めをした。その時柳田隊長が書き連ねた歌は、

いかならむ嵐吹く世となりぬとも
　巌と立てよ大和撫子
古乃書にも知るき心もて
　獣夷に示せ大和撫子

隊で飼育していた山羊は生徒に貰われて、土浦市虫掛の家へ引かれていった。愛犬マルは元職場で毎日元気で尾を振って迎えた。渡辺学徒が父親のカメラを借りて来た。たった一枚残ってた

乾板を入れたレンズの前に、一同は士官を中心に並んだ。全員が顔を揃えて写したたった一枚の記念写真である。現像は隊長が廠内の部署に頼んだ由で、渡辺学徒が大切に保存していた縦五糎、横六糎の原画は四十余年の歳月ですっかり変色していた。

九月十三日から十五日にかけて、同僚、部下や学徒達は柳田隊長に別れの言葉をノートに書き残した。そのノート『ながれ』を、元隊長は四十五年後に見出した。

ロ　士官の退役

柳田、山本、若尾の三士官は国思隊防空壕の作戦室にこもり、モグラ生活を始めた。そこには切迫した空気が満ち、学徒の一人は或る士官の軍刀を自宅に預かった程であった。士官達は将来を憶測し青酸カリを持って万一に備えた毎日を送った。

「進駐軍が横須賀に上陸して管下の海軍士官を集める時期に、自決をする準備の為であった。三人自決のやり方が判らず柳田中尉が本廠から青酸カリを入手し、切腹の作法を習って来た。三人で横穴の中で腹切りの練習をした事を思い出すが、凡人のためか食欲を失った。誰であるか名を思い出せぬが挺身隊（であったと思う）の一人が居残って、三人の日常生活の世話をしてくれた。三人の覚悟が判ったのだろう。彼女は毎日新しい花を生けてくれた。三人は仏様扱いだなと苦笑したものだ。八月の末だったと思うが、陛下から故郷に帰り国家の復興に努力せよと命令が出た」（山本元技術中尉の書簡）

事態は徐々に平穏へ向かった。地球が自転する如く日本は次第に変化していった。大学卒業の為一旦帰郷した小見山技術学生は八月二十五日、絹川、山田の両技術学生は九月五日再び土浦に戻り、総員集合の形となった。士官達は色々と議論すると共に天下の大勢を熟視し、死は易く生は難しくはあるが、日本再建祖国復興の為に微力を尽くす事を決意し、解散の気運に向かった。

九月　一日　柳田技術中尉予備役編入
　　　十日　山田技術学生退壕
　　十一日　山本技術中尉退壕

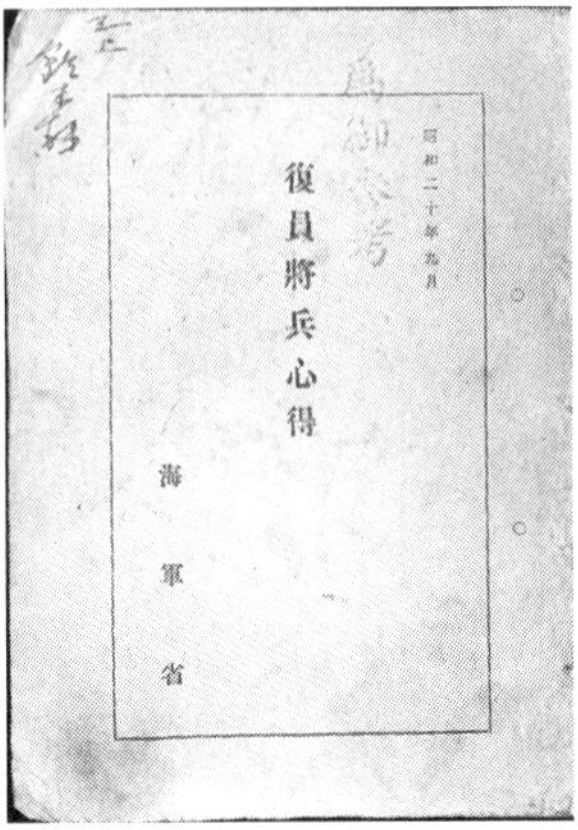

詔書、陸海軍人に賜りたる勅語及び勅諭、そして終戦の経緯、役員将兵の衿持も身上心得の三章から成り全文で29頁

　　十四日　若尾技術少尉退壕
　　十五日　絹川技術学生退壕
　二十一日　小見山技術学生退壕

九月十八日、柳田隊長は西岡廠長より表彰の栄に浴す。戦災で実家が無一物となった部下（宇都宮市出身）に、自らの貯金通帳と衣類等を与えて帰郷させた。表形式は

その日十六時から廠長公室で行われ、表形状と共に賞品を贈って顕彰した。因みに賞品は反物一反、国民服生地一着分、敷布一枚、絹靴下一足、双眼鏡一箇、航空時計一箇であった。部下を思い隊長と慕われた例に比し、威張った仕返しに戦後旧部下から袋叩きに遭った元技術大尉もいたと伝えられる。

「小生は自宅が広島で当時強烈な爆弾で、一家全滅となったと思っていたので、土浦に留まるつもりで当時地元の大きな農家から口のかかった養子になる事を考えた。

しかし九月入ってから家からの電報で、妹は死に母は怪我をしたが父は丈夫と聞き、帰る決意をした。海軍病院で事情を話し多くの薬を貰って九月末広島へ帰った。

母は原爆症を起していたが、小生の持帰った薬で八十五歳迄存命し、昭和五十六年死亡した。土浦で生きたのは昭和二十年六月から九月迄約四ヵ月だが、若し家族が全滅していたら土浦で生きることを探したであろう」（山本元技術中尉の書簡）

もし山本技術中尉が土浦に留まっていたなら、世界のロータリーエンヂン車は生まれなかったろうし、マツダ車の歴史も或いは変わっていたかも知れない。戦前のオート三輪車メーカーは今や、日本第三位の大自動車メーカーに躍進した。（毎日新聞・平成二年四月四日、八九年度新車登録台数）

ロータリーエンジン関係受賞一覧

年月日	賞名	受賞者
43・1・22	第1回増田賞(日刊自動車新聞社)	東洋工業
43・11・22	第25回中国文化賞(中国新聞社)	山本健一(ロータリーエンジン研究部長)
44・4・15	第11回科学技術功労賞(科学技術庁)	山本健一(ロータリーエンジン研究部長)
44・10・31	第4回機械振興協会賞	東洋工業
45・4・1	昭和44年度日本機械学会賞	山本健一(ロータリーエンジン研究部長)他5名

東洋工業五十年史—沿革篇　四六〇頁　47・1・20発行

山本、若尾士宮道廠時に贈った柳田隊長の歌、

ものがなし吹く秋風を立ちゆくも
　忘るゝ切れ壕のかたらひ
君がため尽すことなき我なれど
　君がいさを我は忘れじ

一方、誠心隊にあっても若い士官達は米軍が上陸して来たとき、帝国海軍軍人として如何に処すべきかを真剣に考え、又互いに話し合った。

山口耕八技術中尉

その間にも山口隊長は第三寄宿舎に残り、工場の保全を任務として昼夜巡回した。終戦となるや内外秩序はとみに乱れたからである。中尉自身も短剣、時計、鉄カブトが無くなり腰に帯びてた軍刀のみが辛くも難を免れた有様だった。

一年半の在庁中殆ど起居を共にし、工事を協力した柳田、矢田部、山口の三技術中尉は夫々の故郷へと別れていった。そして無人の工場に秋の気配は深まった。

三羽烏といわれたこの三人中、矢田部技術中尉は惜しくも若くして戦後早く他界した。

第五章　橘花と戦後

43年目の再会・昭和63年９月13日
旧一空廠庁舎玄関

第一節　記録と紹介

イ　性能と評価

戦争は破壊と消耗、対生産と補給の競争であるといってもいい。それは第一線の戦闘行動に劣らぬ重要性をもつ事は論を俟たない。特に高性能新鋭機の開発は戦局を大きく左右する。

昭和二十年八月七日初飛行にこぎつけた橘花は、形勢立て直しの切り札として、この期待に応える可能性を有したであろうか。

一技廠が終戦時迄に進めていた実験研究を、技術面から見た現状は大要次の通りであった。

○橘花原動機用材料ノ研究

橘花原動機用材料ノ研究

㈠耐熱鋼

耐熱性良好（摂氏六〇〇度ニ於ケル匍匐限毎平方粍二〇瓩）ニシテ「ニッケル」ヲ含マ

ザル満俺、フルム、ヴァナジゥム鋼ヲ以テ優秀ナル耐熱鋼イ三〇九ノ研究ヲ完成セリ更ニ窒素ヲ含有セシメ性能向上ニツキ研究中

(二)熔接棒

満俺クロム、タングステン鋼ノ芯線ニ特殊被覆ヲ施シタル熔接棒ヲ完成セリ

○航空機関係

特殊機

橘花

昭和十九年末ネ「一二」型装備ノタービンロケット機トシテ試作ヲ開始サレタ使用目的ハ近距離ニ進攻シ来ツタ敵艦船ノ攻撃ニアル

其後「ネ二〇」型装備ニ変更サレ本年六月末一号機完成、八月上旬試飛行ニ成功シタ本機ハ航続距離ハ少カツタガ其ノ高速ヲ以テスル邀撃作戦ニハ好適トサレ期待サレル処大デアツタ

○噴進装置関係

「タービンロケット」原動機

「タービンロケット」原動機トシテハ仮称「ネ二〇」ヲ第一海軍技術廠ニ於テ試作セル外仮称「ネ一三〇」「ネ一三〇」及ビ「ネ三三〇」ヲ民間会社三社ヲシテ試作セシメア

試作噴進原動機一覧表

20.8.26
第一海軍技術廠

製造所	量産		艦本系工廠			
	試作		第一技術廠	石川島芝浦タービン	日立製作所 第一軍需工廠	三菱発動機
名称			ネ20型	ネ130型	ネ230型	ネ330型
形式			タービンロケット	同左	同左	同左
回転数		毎分	11000	9000	8100	7600
全長		粍	4700	3850	3430	4000
外径		粍	620	850	914×762	1180×880
重量		瓩	470	900	870	1200
性能［地上静止］	推力	瓩	475	900	885	1300
	燃費	立/時	900	1600	1630	2530
特徴			ガスタービンニヨリ送風機ヲ駆動スルタービンロケット	同左	同左	同左
搭載(予定)機体		海軍	橘花 桜花四三型			
現状			性能試験、耐久試験ヲ完了シ飛行実験施行中20年7月ヨリ量産ニ移行中	性能試験施行中	同左	地上運転準備中

リタルモ後者ハ何レモ未タ漸ク陸上試験ニ着手セル程度ニシテ「ネ二〇」ハ陸上諸試験及耐久力試験ヲ終了シ一式陸上攻撃機ニ懸架シ空中実験ヲ行ヒ更ニ橘花ニ装備ノ上飛行実験ヲ実施シアリタルモノナリ「ネ二〇」ノ構造大概ヲ示スニ次ノ通リナリ

「ネ二〇」ハ最前方ニ八段落ノ軸流送風機及補機諸装置ヲ有シ其ノ後方ニ燃焼室続イテ「ガスタービン」最後方ニ「ロケット」室ヲ有ス　燃料トシテハ普通揮発油ト重質油トノ混合油ニテ燃焼可能ニシテ燃料消費量ハ全力時九〇〇立／時、燃焼室出口「ガス」温度七〇〇度（摂氏）「ロケット」室内温度約四五〇度（摂氏）ナリ

ところで、参謀本部と軍令部は二十年四月一日「昭和二十年度前期陸海軍戦備ニ関スル申合」を行った。その第一要綱において「航空兵力及特攻兵力ハ優先整備ス」と規定し、その第二「陸海軍戦備ノ整備要領」で「陸海軍戦備ノ緩急順序ヲ左ノ如ク定ム」として、その第一番に航空及び特攻兵器を挙げた。

そして「昭和二十年度前期陸海軍主要兵器整備並ニ運用要領」では、「二十年度前期特攻兵器整備量」を策定した。その第二表備考欄に「橘花三〇〇ノ整備ヲ上半期ニ於テ予定スルモ之ガ決定ハ研究及審査ノ結果ニ拠ル」と記されている。そこでは橘花は、はっきりと「特攻」と位置づけられていたのであった。

さて、橘花が完成し実戦に参加していたなら、劣勢打開の決め手になり得たであろうか。雑誌

『丸』（一九七三年三月号）特集〃もし「爆装橘花」が戦場に殺到していたならば〃で野村了介氏（元中佐・海兵五六期・七二航戦参謀）は次の通り分析する。

想像には実戦参加の時機、使用可能機数、性能が仮定の条件であるとする。練習航空隊卒業一年以上の搭乗員、訓練基地、燃料も十分あったとし、台湾沖航空戦に間に合って橘花三〇〇機が敵機動部隊を攻撃すると、次の敵来襲は六ヶ月後になったろうし、沖縄上陸は計画からねり直す事となったろう。

B29の戦略爆撃に対し、二〇〇機の橘花があれば会敵毎に二〇%を撃墜できたであろうし、これは米側の補給を減じ逆に日本の持久力を倍加する。しかし原爆投下を阻止してない限り何らかの形で終戦とはなったであろう。やはり橘花出現時機は遅きに失した。

角信郎氏は、

橘花の速度はMe262の駿速には及ばなかったろう。何百機も出来てれば話は別である。何より問題はパイロットであって未熟では飛べない。熟練搭乗員を多数失った当時の現状では成功しなかったろう。

高岡迪氏は、

三年位前にやってれば戦局は随分違ってたかも知れない。だが国力からいって形勢をひっくり返す迄にはとも角、敵に一矢を報いる事は出来たろう。又偵察機などには役立ったと思う。

サイパンのB29飛行場跡　マリアナ基地（グアム、テニアン、サイパン）発進の爆撃機群は日本を破局へ導いた。
（提供・大久保写真館TROPOCAL COLOR SAIPAN）

死児の齢を算える如く詮ない事乍ら、今大胆単純な推理を試みる。若し昭和十九年七月、伊二九潜のドイツから運んだ全資料が日本本土に届き、すぐさまジェットエンヂン研究に応用されたとした場合、橘花開発はどう変わり進展してたであろうか。

設計は七月に着手し完了迄の期間は約五ヵ月早まるとする。エンヂンの火入れはB29本土爆撃前の十九年末に終わる。エンヂンと機体生産は空襲被害なしに開始進行するから、能率は向上する。従ってその完成は五ヵ月繰上がったであろう。二月十九日硫黄島に寄せくる米上陸軍に痛打を与える事が出来たかも知れない。

「もし初めから万事が順調に運ばれていたならば、A7M2は一年以上前につまりB29基地となったマリアナが占領される前に出現していたに違いない。一年繰上がっていたとしたら、環境は全く違っていたから比較的容易に生産が立上がっていたであろう」（中略）終戦時海軍第一技術廠の廠長であった多田力三中将は「戦況が急落に転じた主な理由の一つは、零戦の後継者の出現が遅れたことにある。日本を負かしたのはグラマン・ヘルキャットであった」と語り、また終戦時の海軍航空本部長和田中将は「……烈風はヘルキャットより性能がよく、又防弾も良好で火力も優れていたから、本機が早く出現していたなら戦況は違っていたであろう……」（堀越二郎・奥宮正武『零戦』・新装改訂版五十年　三月五日発行　三一五〜六頁）烈風でさえかくの如く想像されたのだから——

橘花は一空廠ではマルテン㋢、中島ではマルチョンとも呼ばれた。そして十二試艦戦（通称零戦）とかの試作名称、またY20（後の銀河）とかの設計番号、そしてG8N1（通称連山）とかの機体符号がない。制式名称が付かない試製橘花のままで終わった。

橘花の初飛行成功は特筆大書さるべき事実である事は既に繰り返し記した。しかし軍事機密と戦争末期の出来ごと故に一般には知られてない。戦後も又敗戦国のしかも軍用機であった所為もあり、快挙は正当公平に評価される事が少なかった。

ここで先ず橘花の故郷各地の記録はどうであったかを見てみよう。

そのエンジン開発にあたった空技廠（後の一技廠）のお膝元である『横須賀市史』（昭和三十二年三月三十一日、同市発行）、及び（『横須賀百年史』昭和四十一年、同市発行）にはエンジン橘花何れの一語も記述はない。

一方エンジンテストが行われた秦野では、日本たばこ産業㈱秦野工場が発行した『秦野工場の思い出』が橘花を紹介している。実験所として使われた北原倉庫跡には「ジェットエンジン開発の地」の立札が立てられていたが、敷地再開発の為平成元年とり外され、札は同社秦野開発本部に保存されている。

「ジェットエンジン開発の地」の立札

文面・太平洋戦争終戦直前、すなわち昭和二十年八月六日、木更津飛行場において日本最初のジェット機橘花が試験飛行に成功した。このエンジンは海軍空技廠秦野実験所（現専売公社北原倉庫）で開発したもので現存する道路側の倉庫二棟がその廠舎にあてられていた。

橘花が翔んだ地木更津の『木更津市史』（昭和四十七年十一月三日、同市発行）、『木更津郷土史』（昭和二十七年十一月三日、同市発行）の何れにも全く記録はない。

『三沢市史・通史篇』（昭和六十三年九月一日、同市発行）は、「第七二四航空隊」の名称を市史目次に掲げた全国唯一の公刊史である。昭和村政時代の記述九六頁中、戦中の三沢を二四頁に亘って詳述、「第四十一海軍航空廠三沢分工場」「横須賀海軍航空隊審査部藤部隊」から終戦処理に

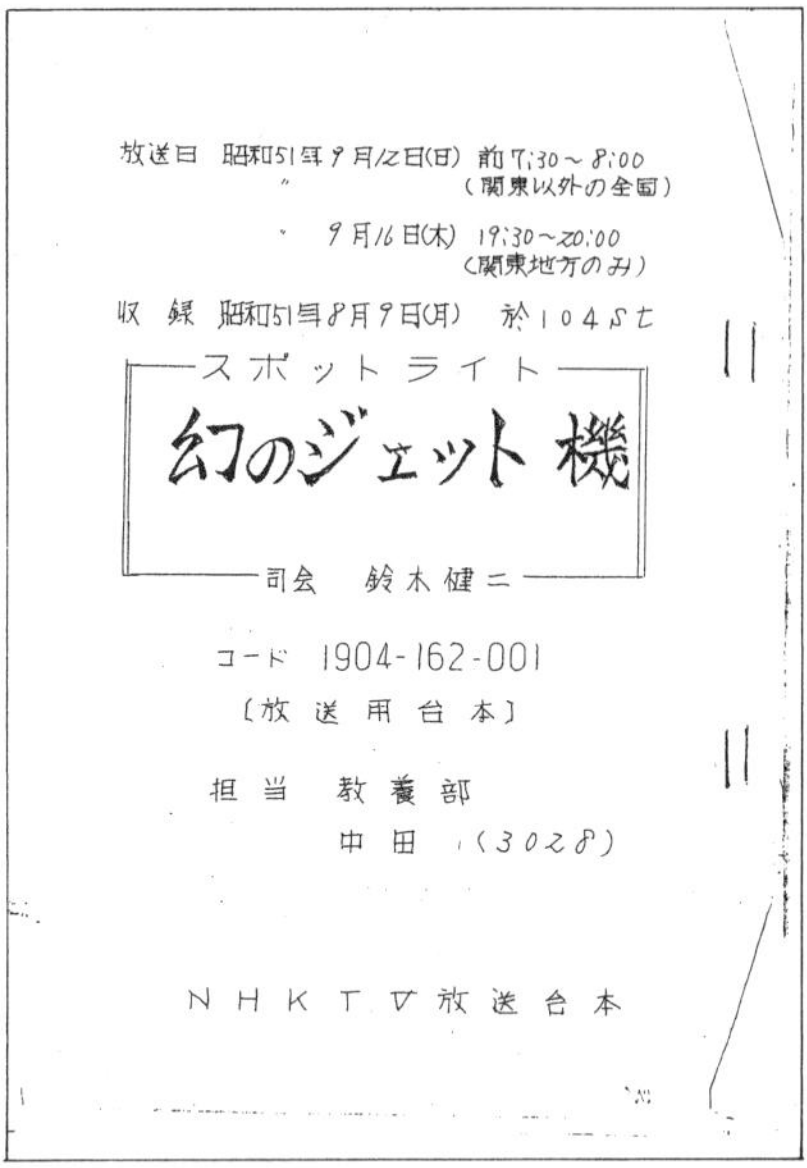

放送日　昭和51年9月12日(日)　前7:30～8:00
〃　（関東以外の全国）
〃　9月16日(木)　19:30～20:00
（関東地方のみ）
収録　昭和51年8月9日(月)　於104St
スポットライト
幻のジェット機
司会　鈴木健二
コード　1904-162-001
〔放送用台本〕
担当　教養部
中田　（3028）
NHKTV放送台本

橘花を紹介したNHKテレビ放送の台本

迄及んでいる。

「霞ヶ浦海軍航空隊三沢分遣隊は、五月一日に霞ヶ浦で隊長が任命され、教官の選任や練習機の組立てなど訓練に必要なものを整備して、約二百五十名の練習生（甲飛一〇期生）とともに三沢に移動してきたのは六月二日のことであった。分遣隊の編成は飛行隊（練習生）が四ヵ分隊、整備科、主計科、医務科が各一ヵ分隊からなっていた。隊長は竹中中佐であった」

と記述は具体的である。

霞空及び一空廠所在地（茨城県稲敷郡阿見村——のち阿見町）の『阿見町史』（昭和五十八年三月二十五日、同町発行）には、橘花、七二四空に関する唯一の文字の記載もない。

中島飛行機小泉製作所があった群馬県大泉町（旧邑楽郡大川村・小泉町）は、「大泉町誌」三巻の大冊を発行した。その『下巻・歴史篇』（昭和五十八年三月十八日、同町発行）は、一五一八頁の大著で中島飛行機が随所に登場、町の発展との深い関わりを伝えている。しかも特に産業経済の項では六二頁を割いて詳記し、橘花は二頁に亘る。

昭和五十一年九月十六日㈭、NHKTVは連続番組「スポットライト」で『幻のジェット機』を放映（一九：三〇～二〇：〇〇）した。司会は鈴木健二アナ、画面には小泉製作所の疎開先粕川の蚕小屋が映り種子島、永野、高岡、冨、小堀の各氏が出演した。国産ジェットエンヂン誕生と初飛行成功のドラマにスポットをあてたものである。

昭和六十年八月日航ジャンボ旅客機は、乗客乗員五百二十人が犠牲となる世界航空史上、単独最大の事故を起こした。その原因は修理ミスが招いた尾翼破損であった。大きな機体のほんの一部でしかない尾翼が、いかに重要欠くべからざるものであるかを、如実に物語る実例である。その墜落炎上現場である群馬県上野村は、前述世良田村粕川の西方約六〇粁の地点にある。

次に航空関係書の分野ではどうであろうか。『日本航空史――昭和前期篇』（日本航空協会編、昭和五十年九月二十日、同会発行）は、「本機の多量生産計画は立案のままで日の目を見なかったことは遺憾の極みであったが、世界の航空界に先駆けて「ジェット機」を開発し、国産機の初飛行に成功した「力」は後世までも我が航空機工業の誇りとして讃えられるであろう」（九〇二頁）と高く評価している。

『社史』（日本ジェットエンヂン株式会社編、発行日奥付なし）は、「見事な成果は見守る関係者を驚喜せしめたのであった。これが我が国でのジェット機の初飛行である。当局は、この結果を待たずあらゆる能力を動員して急速大量生産の体制を整えつつあったが、時すでにおそく間もなく終戦となり、遂に活躍の場面を見ることが出来なかったことは眞に残念であった」としている。

橘花の木型審査にあたった小福田晧文氏は、「国産ジェット機第一号という〃歴史的記念碑〃としての意味は大きい」と『零戦開発物語』（昭和五十五年十月六日、光人社発行、二八九頁）で述べている。

又、『日本海軍航空史(3)制度・技術篇』（日本海軍航空史編纂委員会編、昭和四十四年十月一日、時事通信社発行、五四一頁）には、「特攻機桜花、橘花、藤花は、局戦秋水を含めてそれぞれ異った型式のジェット機またはロケット機で、その用途任務を別にすれば、いずれもわが航空技術史に一紀元を画し、最後を飾った飛行機であるという点では記録に値するものである」と記されている。

『戦史叢書海軍航空概史』（防衛庁防衛研究所戦史室編、昭和五十一年六月三十日、朝雲新聞社発行）は、概要の紹介にとどまり論評はなく、「本機の生産計画は、中島ほか三廠社で二十年十二月までに六百三十機であったが、終戦時部品が完成できたのは二十四機分にすぎなかった」（四三五頁）とし、一空廠の名は出て来ない。

古里一十氏は橘花初飛行の丁度一年前の八月七日、呉海軍工廠電気実験部から空技廠電気部員として着任し、第一科主任となった。そして航空機用一次電源装置、附属装置、蓄電池、各種動力用電動機、基地用電源装置等の試作実験を担当した。そして更に二十年には橘花の始動モーターを手がけた。

そのエンジン始動機は出力五ｋＷ、電圧直流一〇〇Ｖ、毎分回転数九〇〇〇回転、定格一分間、重量五瓩以内で、「この電動機は私の海軍時代の最後の想い出になった」、と戦後同氏は書きのこしている。『呉海軍工廠電気実験部の記録』（呉海軍工廠電気実験部の記録編纂委員会、昭和五十三年五月二十五日、同会発行、二三九〜四〇頁）

『日本の名機百選』（木村秀政・田中祥一共著、一九八五年九月十九日、中日新聞社発行、一九四頁）は、前輪を格納し滑走路を離れる寸前の橘花を、半頁大の写真で掲載している。進行右側から写してるので、浮いた尾部の左後方へジェット噴煙が白く吹出してみえる。

科学事典の類はどうであろうか。

『科学技術事典』（伊藤俊太郎他三名著、昭和五十八年三月十日、弘文堂発行の、「ジェット機関」の項、四〇七頁）を開くと、ドイツMe262の記載はあるが橘花の記述はない。

『KAGAKU NO ZIRTEN』（岩波書店編集部編、一九八〇年八月一日、同書店発行）の「ひこうきとロケット」の項（二九四〜三〇三頁）も、ドイツの初飛行を載せてるが橘花はとりあげていない。

永野治技術少佐はガスタービン噴射推進装置の「研究試作に従事した一年間は自分の全能力を傾注して文字通り寝食を忘れて努力した。試飛行成功の日には生死を忘れて熱狂した。全生涯の感激をこそ一瞬に集中された感があり、思い残す何物もない。全力を挙げて努力し、第一段階の成功に達し得た喜びと衿りを得たことに幸福を覚える」と記す。『日本航空学術史』（一九一〇―一九四五、日本航空学術史編集委員会編・一九九〇年六月三〇日同会発行、一三二頁）

ロ　米側のレポート

バーナード・ミロット氏の書いた『橘花の生と死』“THE LIFE AND DEATH OF THE ORANGE BLOSSOM”では、その誕生は遅すぎたが革命的なものであった、と評価している。このプロジェクトはＪ９Ｙ１（横須賀）、ＭＸＮ１（中島）、Ｊ８Ｎ１と呼ばれ飛行機が完成したとき、公式には一九試型皇国兵器と名付けられた、とある。この記号は国内では紹介されてないので目新しい。

又、「日本は降伏した時、第二型の橘花は殆ど完成していてアメリカに運ばれていった。現在はワシントンのスミソニアン研究所に保管されている」とある。スミソニアンに橘花が展示してある事は多くの出版物に出ているが、これが二号機（型）であるとの説は興味深い。

ロバート・ミケシ氏著『橘花』“KIKKA”は、第一回第二回飛行の模様を詳細に報告している。更に国内で発表された事のない機体各部の写真が豊富である。

ドイツMe262は日本でそのまま修正なしに生産できない理由の説明も記している。日本がドイツの生産方式に不慣れな事、必要なだけの薄さと弾性をもつ薄鉄板が日本には無い事——その為日本では機首にジュラが使われた——熟練工の不足等の諸点である。

ドイツは製造専門家をUボート234号で日本へ送った。しかしドイツの降伏で二十年五月十六日、設計図も共に連合軍の手に渡った事、そしてエンジン開発の道のりと苦闘の姿は、秦野に於ける実験状況迄刻明にレポートされている。

「アメリカ占領軍は橘花を見た時その完成度に驚いた。橘花のエンジンについて興味深い分析が、一九四五年十一月アメリカ海軍報告に記録されている。ネ20は非常によくできたジェットエンジンであると思われる。ＢＭＷ〇〇三は多分ドイツの小型ジェットエンジンの中で最高のものだが、日本のネ20はＢＭＷ〇〇三のどの性能にもひけをとらない。ネ20を二基搭載した飛行機が、ＢＭＷ〇〇三を二基搭載した飛行機と同様の能力をもつという事は注目すべき事である」と。

米国資料としてよく引合いに出される『米国戦略爆撃調査団報告』“The United States Strategic Bombing Survey”から一空廠及び橘花に関する項目を拾ってみる。

先ず"Army Air Arsenal and Navy Air Depots"「陸軍航空兵器廠および海軍航空廠』に一空廠の記述がある。空襲前の情報として

Intelligence figures on production at these depots were generally accurate, although the First Naval Air Depots was not known to be productiom.（原文P 1）

これらの航空廠における生産機数と生産される飛行機の機種についての情報は、第一海軍航空廠が生産工場であるとは知られてなかったけれども全般的には正確であった。（航空自衛隊幹部学校訳、訳文P 4）

〈アンダーラインは筆者記入、以下同じ〉

The First Naval Air Depots at Kasumigaura produced aircraft and the rocket-propelled suicide bomb, Baka　（原文P 1）

と情報はまちまちである。

又、空襲前の情報の評価では、

War Department Military Intelligence Service（G－2）, recognized the depots as a repair station in operation,but never published any evidence that it was engaged in aircraft production.　（原文P 9）

陸軍省軍事情報部（G－2）は、この航空機を活動中の修理基地として承認していたが、しか

し航空機の生産に従事しているとのいかなる証拠も発表した事はなかった。（訳文P-9）
しかしながら昭和二十年二月十六日、一空廠は米機動部隊艦載機の攻撃を受けた。その戦闘報告書には、
the assembly and repair plant at Kasumigaura Airfield（XII TACTICAL & OPERATIONAL DATA）
とあり造修工場と見ていたのである。してみると先のG－2情報は不正確であったのか、或いはそれ以外もっと確度の高い情報が米側に存在していたのかも知れない。二月には特攻機桜花を生産中であったから。
又、福原工場については、疎開を記しただけで見るべき内容はない。
そしてこの報告書群には、何故か空技廠（一技廠）報告が存在しない。
『横須賀警察署史』（横須賀警察署史発行委員会篇、五二、二、九　同署発行）に、戦略爆撃調査団一行来日についての記述がある。それは第三七代署長（二〇、一二～二一、九）小川勝茂警視の一文である。
「ハルス博士を団長とした一行四十人位の大部隊が来着したのは夏頃であった。団長は物静かな痩せた背の高い方であった。下僚には二世が多く偏見を持った者が多くて扱いには苦労した。（中略）調査団は一週間位滞在のうえ調査を済ませて帰国した」（三七七～八頁）

REBUILDING AND REPAIR

No rebuilding or repairing of airplanes was done at any time at Koizumi except for planes damaged on its own airfield.

DIVERSION TO EXPERIMENTAL AIRCRAFT

Eight percent of the floor area and 15 percent of the personnel were devoted to experimental work (Photo 8). The fighters Irving and Tenrai, the bombers Jill and Rita, and the reconnaissance plane Myrt, all were first experimentally produced. In addition, the Kikka jet-propelled two-engine planes was experimented with.

All experimental work was directed and guided by the Navy Technical Air Arsenal which, on completion, reported to the Munitions Ministry. The Munitions Ministry then ordered production. Research at Koizumi was closely related to that of the First Naval Air Depot at Kasumigaura.

All initiative by the Koizumi plant in experi-

planes. The effect of the attack, ho
reflected in succeeding months when
duction recovered immediately to ov
month, but Frances production recov
and never again rose above 55 per mon

According to plant officials, the m
effect of the attack was the loss of sev
Frances production. Some component
destroyed but were soon replaced.

The B-29 attack on the night of 3
dropped 24 HE and four IB bombs i
of which 12 struck buildings without ca
damage. This attack was one of sev
cessful attempts at night precision b
the light of flares.

Only minor attempts were made
damaged buildings. In some partly
buildings, protective shacks which co
seen from the air were built over the a

Casualties in the first attack, all of

Nakajima Aircraft Co.,Ltd. Koizumi plant（Plant Report №II－2）原文87頁の部分 □ は筆者

=133=

作業は半田に移され生産も低下したが９月に再び３５０機に上つた。その翌月アービングの組立が中止され、その後間もなく資材の不足が生産に影響し始め、従つてその後の最高月産は１９４５年５月の３０２機であつた。

全期間を通じ政府の発注数及び理想的の条件下における最大生産能力は夫々11,239及び10,305であり、これに対し実際生産数は8,900であつた（才２図）

写真才６一大型圧搾機（米国製であることに注目せよ）

写真才７一製管工場

改造及び修理

飛行機の再建及び修理は自体の飛行場での破損機以外には小泉工場では実施したことはなかつた。

試作機への転換

床面積の８％と人員の１５％とが試験作業に充てられていた（写真才８）。戦斗機アービング及び天雷，爆撃機ジル及びリタ及び偵察機マートが初めて試作され、その他双発ジェット機菊花も試作された。

すべての試験作業は海軍航空技術廠によつて指示指導され完了後はこれを軍需省に報告し、軍需省はそれから生産を命ずることになつていた。小泉における研究は霞ケ浦の才１海軍航空技術廠と密接に連繋していた。

小泉工場による実験作業の独創力は全部抑制され，彼等に許された唯一の変更は天雷とフランセスに関する小修正のみであつた。

中島飛行機株式会社調書報告第２号　中島小泉工場（工場報告第II－２）より □ は筆者

APPENDIX B

BUILDINGS

...ing number	Date completed	Type of building	Floor area (sq. ft.)	Function
.	Dec. 1941	Three-story reinforced concrete....	139, 932	Office.
..	May 1941 ...	Steel frame and reinforced concrete wall.	233, 579	1—Warehouse for materials and parts; 2—Heat treatment; 3—Plating.
.	Mar. 1940	.....do..................	206, 668	1—Sheet metal press works; 2—Heat treatment; 3—Sand blasting.
..	Aug. 1941...	.....do..................	259, 412	1—Subassembly of fuselages of Frances and Zeke.
...	Aug. 1940......	....do..................	186, 217	Subassembly of Frances wings.
.....	Sept. 1941......	....do..................	227, 120	Subassembly of Zeke wings.
....	Apr. 1941......	....do..................	393, 962	Final assembly of Frances.
......	Apr. 1942......	Steel frame and slate wall........	150, 696	Final assembly of Zeke.
...	Apr. 1942......	Steel frame and reinforced-concrete wall (partly two-story).	194, 828	1—Final assembly of experimenta Rita and Kikka; 2—Parts fo those planes.
..	June 1940......	Steel frame and reinforced-concrete wall.	16, 253	Sewing and painting.
...	Apr. 1942......	Two-story reinforced concrete.....	27, 125	Laboratory for materials and electrical parts.
...	Mar. 1942......	.....do..................	14, 208	Laboratory for engine installation.
...	Jan. 1942......	Steel frame and reinforced-concrete wall.	15, 823	Testing laboratory for strength c planes.

Nakajima Aircraft Co.,Ltd. Koizumi plant（Plant Report №II－2）原文93頁の部分 [　　] は筆者

付録B　建　物

－142－

建物番号	竣工年月	建物の形式	床面積（平方フィート）	用途
1......	1941年12月	3階鉄筋コンクリート ..	139,932	事務所
2......	〃 〃 5 〃	鉄骨，鉄筋コンクリート壁	233,579	1－材料，部品倉庫．2－熱処理．3－鍍金作業
3......	1940〃 3〃	.....同　上.........	206,668	1－板金圧搾，2－熱処理，3－砂吹作業
4......	1941〃 8〃	.....同　上.........	259,412	1－フランセス及びゼークの胴体の部品組立
5......	1940〃 8〃	.....同　上.........	186,217	フランセス翼の部品組立
6......	1941〃 9〃	.....同　上.........	227,120	ゼーク用翼の部品組立
7......	1941〃 4〃	.....同　上.........	393,962	フランセスの最終組立
8......	1942〃 4〃	鉄骨及びスレート壁.....	150,696	ゼークの最終組立
9......	..同　上.	鉄骨及び鉄筋コンクリート壁（一部は2階）	194,828	1－試作機リタ及び[菊花]最終組立，2－それ等の機の部品
10....	1940〃 6〃	.....同　上.........	16,253	縫工及び塗装
11A...	1942〃 4〃	2階，鉄筋コンクリート ..	27,125	資材及び電機部品の研究室
11B...	〃 3〃	.....同　上.........	14,208	発動機取付研究室
11C...	〃 1〃	鉄骨，鉄筋コンクリート壁 .	15,823	飛行機の強度試験

中島飛行機株式会社調書報告第2号　中島小泉工場（工場報告第II－2）より [　　] は筆者

一技廠が調査対象とならぬ筈はない。だがそのレポートはない。

余談になるが、二十年十二月に米国賠償使節団が発表した賠償物件十七軍工廠の工作機械撤去指定は、横須賀海軍工廠の三、〇三二台を筆頭とした。だが一技廠本廠は指定を受けなかった。『創立三十五年概史』（五三、三、三〇　大蔵省関東財務局横浜財務部横須賀出張所発行）は、「一技廠は非指定、理由不明」（一七四頁）としている。

更に、

"Nakajima Aircraft Co ; Ltd Corporation Report No. 11"『中島飛行機会社報告』

"The Japanese Aircraft Industry"『日本の航空工業』

の何れにも橘花の記述はあるが、断片的で内容は乏しく資料的価値あるものは写真のみである。そのエンヂン（巻頭参照）を見ると19の数字が読める。若し製造一連番号だとすれば、19号品となるのだろうか。だがそれを裏づける資料はない。

それにしても和訳に際し「KIKKA」を「菊花」と記しているのは、先人の偉業に対する認識不足は言うに及ばず、二等兵（昔風に言えば）ならとも角、幹部の訳にしてはそのオソマツさが心配になる。

ところで、ここに一つの記録が残っている。昭和二十年九月十一日、敗戦後最初に茨城県下へ飛来した米空軍と我が海軍航空との接触の模様である。報告者は地元土浦警察署長池田博彦氏、宛先は県警察部長であった。

昭和二十年九月十二日午後三時電話報告

米軍等来浦に関する件追報

九月十一日午後二時三十分頃連合軍最高司令部ホール技術大尉他将兵八名は、ダグラス急降下爆撃機及ボートシコロスキー五機に分乗し霞ケ浦航空隊に到着、霞ケ浦航空隊司令の出迎えを受け同隊士官宿舎應接室において同隊保存に関する飛行機の種別、機数及器具等の保有量を聴取したる後、自動車に分乗し各倉庫に至り実地点検をなし、特に新式戦闘機秋水、彗星に対しては細部調査をなし道路等を視察したる後、土浦航空隊に至り同様調査をなし、更に一部は土浦市内を自動車にて一巡し午後四時三十分飛行機にて事故なく離隊致し候条及追報告候

昭和二十年九月十二日午後九時四十分電話報告

米軍等来浦に関する件追報

九月十一日米軍来浦に関してはさきに及報告置候もその一行を案内せる霞ケ浦航空隊副長石少佐の言動左記の通りに候条及報告候也

記

米軍の飛行機が来たというので、すぐ自動車二台でいった。われわれは丸腰で迎えると相手

（7）　1990年（平成2年）3月13日（火曜日）

つちうら再発見　51

桜川

慰霊を込め編隊飛行

日本のナイトと英国評価

マレー沖海戦で活躍の壹岐さん

当時の霞ケ浦航空隊の第二十八期飛行学生として教育を受けた壹岐春記さん（昭和十一年十二月―十二年九月）＝現七十七歳、東京在住＝に対する評価はいまでも高い。

壹岐さんは昭和十六年十二月十日のマレー沖海戦に、九州・鹿屋航空隊の第三中隊長として参加していた。マレー沖海戦といえば、イギリスの不沈戦艦といわれたプリンス・オブ・ウェールズとレパルスを日本の戦闘機が撃沈させた戦いだ。

鹿屋は雷撃機で、壹岐さんの中隊九機はレパルスを狙った。戦艦上の人の顔が見えるくらいまで高度を下げ、攻撃するという決死の覚悟。作戦は成功だったが、壹岐さんの目前で部下の二機が撃墜されてしまった。その八日後、マレー沖海上を飛んだ際に、壹岐さんら九機は慰霊を込めた編隊飛行を実施。そして、二つの花束を海に投下した。

「一つは部下たちに。もう一つは、最後まで戦ったイギリスの兵士のために」

この行動は、戦後のイギリスの書物などで、日本のナイト（騎士）らしいナイトなどとして高い評価を受けた。あの戦時下に「無茶な戦（いくさ）はするな。戦争は個人が憎しみ合ってするものでなく国家と国家の争い」と教えられたという部下たちは、いまも壹岐さんのことを慕っている。

昭和54年に土浦を訪れた時の壹岐さん（中央）

「常陽新聞」平成２年３月13日

方は拳銃を肩にかけておったが、すぐそれをはずして、やはり丸腰になって出て来たので握手を求め、それから自動車に乗って霞空の士官室に案内した。飛行機の種類、機数等を尋ねさらにこの飛行場の一番よい地点と悪い地点を示してもらいたいというので、この飛行場はいま着陸したところと同じだと答えると、まことに悪い飛行場だ、しかし来るか来ないかは司令の考えであるがと言うていた。約一時間半位話をした。

（以下略）池田博彦著『終戦のころ』、昭和四十八年一月三日発行　三四頁

この文中には「秋水」と「彗星」が登場する。いう迄もなく秋水はドイツMe163のコピー機で、三菱重工製作になるロケット機であり、彗星は愛知航空と一一空廠製造の艦上爆撃機である。終戦時霞ケ浦基地には豊橋空（司令・海東啓六大佐）が展開し、三一二空（司令・柴田武雄大佐）は練習機秋草を使って秋水の訓練飛行を実施

中であった。

尚、文中「石少佐」とあるのは、マレー沖航空戦の後、その海上に花束を投じたエース・壹岐春記少佐のことである。

引用文の著者である池田氏に晩年、米軍来浦時橘花への調査があったかを質した。しかし調査の記憶はなかった。霞空の一部と見なしていた一空廠での橘花生産を、米軍が知ってさえいれば前記二機種と同様、直ちに詳細調査へ乗り出す筈である。米軍は交戦中、一空廠での橘花生産の情報はつかんでいなかった、と見て良いのではなかろうか。

第二節　未来へのステップ

イ　花開くジェット

〝わが国初のジェット機となった「橘花」は、激化する空襲下の悪条件を克服して、二十年六月疎開先の農家の養蚕小屋で完成し、八月七日木更津飛行場において初飛行に成功、日本海軍航空史の棹尾を飾った〟

中島飛行機の後身、『富士重工業三十年史』（昭和五十九年七月十五日発行、四三頁）は淡々と足跡を記している。

昭和十三年六月、東京府下田無町に開設された田無鋳造工業は十四年十一月中島航空金属㈱へと発展した。戦後は日特金属工業㈱へ、そして石川島播磨重工業㈱田無工場へと変転をみた。敗戦で完全に叩きこわされた日本の航空機工業は、七年間の空白期をへて対日講和条約発効後、再開の動きは軌道に乗った。

この地に昭和二十八年七月、中島飛行機の後身である富士重工業、富士精密工業、そして石川島重工業と三菱重工業四社の協力で日本ジェットエンジン㈱が発足した。設計、研究、試作の末昭和三十四年には防衛庁向製品納入に迄到達した。あの戦中に培った研究と経験とが実ったものといえよう。

昭和三十六年アメリカノースロップ工科大学に研修留学中の船津良行氏（運輸省航空機検査官）は、偶然一つのエンジンを発見した。

入校して間もなく先生の一人が私を教材庫の片隅に呼んで、「こんなエンジン知っているか」というので、見ると薄汚れた小さなエンジンが色々なガラクタの間においてあった。よくしらべると燃料ポンプなどに日本語で入口とか出口とか書いてあるので日本製ということがわかり、筆者がうろおぼえで記憶していた「ネ―20」だろうという見当がついた。そこで先生と相談して何とか運転しようということになった。何人かのクラスメートの協力を得て、廃材を熔接してエンジン据付け用のドリーをつくり、運転用の計器盤をつけ、校庭でエンジンを運転することに成功した。（『21世紀の空に向けて』船津良行著、昭和五十八年十月一日、航空新聞社発行、一六七～八頁）

このエンジンはやはりネ20と判った。後関係者の努力で永久無償貸与され、ゆかりの地田無工場内の宇宙博物館に展示されている。昭和六十三年梅雨の六月、前川正男氏を介して菅原嘉男、森斜明両氏のご好意で同館を見学した。エンジン本体には小さな刻№7の文字が読めた。何よりの証拠は「回転方向」との四文字を中心として、矢印右側に㊤㊥、矢印左側に㊥㊤と記した銘板であった。

「ネ20」量産に挑んだ石川島のジェットエンジン技術は、宇宙に翔く日を迎えた。宇宙博物館には平和な空に飛立つ各種エンジンが所狭しと並んでいる。

ロ　不死鳥の技術

海軍施設系士官は終戦後、運輸省技術施設本部へ転官した。又、国鉄鉄道技術研究所は海軍技術士官を多く受入れ、二十一年九月は総員千五百五十七人を算え、鉄研史上最大の人員を擁した。一空廠第四工場主任藤原成一技術大尉もその一人であり、㊅設計の三木忠直技術少佐も又同所に名を連ねた。

東大工学部航空学科昭和十年度卒論題目の幾つかを挙げてみると、

▽音速附近における流体力学　糸川　英夫
▽航空機における薄板（構造部の弾性安定）　西郷　博
▽飛行機における空気力学的干渉に就て　山崎久二郎

▽飛行機の張殼胴体の強さ　林　毅

等がある（帝国大学新聞、第五五八号　昭和十年一月十四日八面）。

これら研究は戦中に数々の成果を生んだ筈である。戦後は航空機構造を採り入れた車輌の開発車体の軽量化、牽引動力の節減、高速列車の空気力学的問題の応用研究に、飛行機設計で培った経験は役立った。

東海道新幹線は昭和三十九年十月一日に開業し、超特急ひかり号は東京新大阪間五五二・六粁を三時間で結んだ。昭和三十四年四月二十日起工式を挙行してより、五年にして我が国鉄道は狭軌から脱して標準軌を完成した快挙であった。鉄桜会は海軍出身者で国鉄に籍をおいた人々の会である。

戦後『飛行機設計論』（昭和四十三年一月十日、養賢堂発行）を出版した共著者、山名工博と中口工博とは、かつて昭和十九年に三木忠直技術少佐と共に、一空廠へ桜花製造の指導に来た空技廠の山名正夫技術中佐、そして二十年六月藤原成一技術大尉と一緒に橘花審査に立ち合ったあの中口博技術大尉である。

技術士官の多くは自動車業界にも移った。航空機開発で蓄積した技術は脈々と流れ、日本車は世界市場に雄飛した。そしてその性能と耐久性安全性は最高の評価を得るに至ったのである。

航空機や自動車エンジンの性能と信頼性向上には、応用力学とりわけ材料力学の研究が重要である。高速回転、連続運転には高温強度の解明が新たな研究テーマの一つである。例えば高温下での酸化防止の為、高真空（10^{-9}mbar）での（600℃）での実験研究も行われ、コンピューター制御と相俟って強度設計に役立てようとしている。

ネ20生みの親の一人、永野治氏は戦後間もない昭和二十七年、『国産ジェット・エンジン物語』（前出）に次の様に記していた。

「所詮薄命の虚弱児であった」（七五頁）「一度は死滅してしまったネ20はひ弱い乍らも、一歩を新しいガスタービン時代への扉の中にふみ込んでいたのである。新生の羽音も高く死灰の中から飛び立つ不死の霊鳥フェニックスの奇跡を私は信じたいのである」（八〇頁）

天翔けた橘花のあの技術は見事によみがえり、戦時中に蒔かれた研究の芽は戦後大きく育って、日本の空に陸にそして研究室内で更なる未来に向かって大きく羽ばたこうとしている。

海軍は最高の頭脳と技術の一大組織集団だったのである。

製造所	日本飛行機
名称	九三式
型式	
発動機	天風
製造番号	6170号
自重	1183
荷重	438
全備重量	1601
製造年月日	2－1－28
	♁

九三中練胴体操縦席カバー
この外燃料系統図がある

内側貼付の銘板で読みとれるのは内容左の通り

第三節　一空廠はるか

イ　諸行無常

一空廠が九三中線の新製を行った事は前述した。従ってその担当である第三工場の技術は、木製羽布張りの経験でしかなかった。昭和十九年、横須賀の空技廠で行われていた桜花の生産を、一空廠が本格的に担当する事となるに及び、金属機製作技術習得の為その要員を中島飛行機小泉製作所へ派遣した。

小泉は海軍向機体専門工場で、太田製作所と共に中島の主力工場であった。特に零戦、銀河、彩雲をはじめ幾多の有力機種を生産するほか、連山等の試作開発を手がけるなど技術力が優れていた。

一空廠では技能習得者を基幹とし桜花生産の飛行機部第五工場が編成され、主任には小川正道技術大尉が就任した。係官には大春技術中尉、柳田、山口そして矢田部の各技術少尉が配属された。生産は前部胴体、中部胴体、後部胴体と分割方式が採用され、山口技術少尉は後部を担当し小型組立工場の一角で作業を開始した。

工員の殆どは金属機製作の経験が浅く、作業は円滑に捗らなかった。ある日空技廠から桜花の生産状況調査に山名技術中佐、三木技術少佐が来廠した時の事である。山口技術中尉は戦後次の様に述懐している。

当時、後部胴体は私の管理ミスのため不良個所があり、検査部長の平出中佐に指摘されていた。この件が当日の会議に提起され、色々と討議されたが、飛行機部長の一言で不問に付されることになった。それは次のような発言であった。

「この機は実戦では飛行時間は僅か一分程度である。この不良個所は実用上支障はない。飛び出せばすぐ突入するものである。それよりも一刻も早く前線に届けることが先決である」

私は責任を不問に付されてどんな気持ちだったか？　責任を逃れてやれやれと思ったのだろうか？　それともパイロットに申訳ないと思ったのか？　定かではないが四十数年たった今でもこのことが頭から離れることがない。

中尉の文は続く。

特攻慰霊碑　大分空港跡地に祀らる

これに近いことは他の機会にも経験した。それは赤トンボの九三中練にまで特攻爆装の命令が出た。九三中練は最高速度が僅か二一九・四粁／毎時（筆者註・原文はノットで表わされていたが、『日本航空機総集〈第五巻〉中島篇』九三中練の項の性能〈一七九頁〉より粁表示に換算した）の練習機である。これに爆弾を積んで敵艦隊上空に到達できると考えたのだろうか。たとい到達できたとしても、小型爆弾をかかえて突入して敵艦に致命傷を与えることができるのか。こんなことで若い生命を失わせることをどう考えてたのだろうか？　軍令部の方針に疑問をいだかざるを得ない。

さて、爆弾の懸架装置が出来て、模擬弾を落すテストをすると、部品精度が悪かったのであろう、投下索を引いても落ちない。その時の結論は「実戦では爆弾を落す余裕がない。飛行機もろとも突入するのだから投下索は気休めだ、これで良い」とのことで検査合格した。

私の学校の友人が霞空に居た（予備学生であった）。彼の話を聞くと九三中練の特攻隊は大分から出撃したが、そのまま何の音沙汰もなく全滅したとのことであった。予想した通り戦果ゼロである。

話は更につづく。

又「白菊」という大型練習機（筆者註・機上作業練習機、定員五名、最大速度約二二〇粁／毎時）に爆装命令が出た。図面を見て驚いた。四角い太い胴体の中に爆弾を置くだけである。厚い木の板に爆弾の円さに合わせて半円型の切欠きをつくり、その切口にフェルトを張り、その上に爆弾を置きそれを鉄のベルトで締めて押えるのである。機体には爆弾の出口も何もない。「白菊」に搭乗するパイロットは、これをどのような思いで見たであろうか。「桜花」にしてもそうである。

申しあげたいことは戦争というものは、人の心をしてこのようにし、人が人を人でないとすることが戦争の実態であることを言い残したい。私は友を、先輩を、後輩を殺す飛行機を黙認して生産したということは事実である。「桜花」で「九三中練」で「白菊」で死んでいっている。このことは絶対に忘れることはできない。

大東亜戦争の開戦劈頭に於ける真珠湾攻撃の特殊潜航艇出撃は、生還の可能性あるを以って許可された由である。然るに敗色濃い時期に至ると用兵指導の発想は狂った。

若い係官の胸は痛んだ。だが命令は絶対である。生産現場はこれら棺桶飛行機を日夜黙々と、ひたすら製作せざるを得なかったのである。搭乗員も又もはや勝目の全くない戦いに、悠久の大義に生きんと悲壮なそして憂国の心情にあふれ、従容として死地に赴いた。その乗機とは敵と互角に一戦を交える能力ある飛行機ならまだしも、只死に出るだけのかくも惨めなひどい機体だったのである。

元隊長は次の様に結んでいる。

ふり返って見ると土浦の一年有余は、全力投球したが、前にも記したように、自分の造ったものは特攻機ばかりであり、技術者として本当の意味で貢献できなかったこと、同じ青年を多く殺したことは痛恨の極みである。たとい戦力を是認したとしても人間性は最後まで失ってはならないことを、あとの人に申し上げたい。

山口元隊長は戦後も技術畑の道を歩んだ。「戦時の経験を今後、これからの人に如何に生かして貰うかということを心に置いている」。そして〝諸行無常〟を座右の銘とし、あらゆる存在はすべて常に移ってゆく、今を大切にして生きてるかぎり精を出して行こう、との積極的解釈である。

その山口元隊長、現川西耕八氏は奈良県からこの会合に馳せ参じた。

ロ　四十三年目の再会

昭和六十三年九月は記録的な雨天が続いた。そんな不順な日々の中、十三日だけは珍しく青空が覗いた。此の日の午近い頃、土浦駅東口の階段下は一群の女性達で華やいだ。一人二人と到着して数が増す度毎に、交歓の声が上がりその人数は約二十名に達した。やがて一行はタクシーを連ねて陸上自衛隊霞ケ浦駐屯地をめざした。

その地は若き日の古戦場、あの厳しく張りつめた日々を送った第一海軍航空廠跡である。「一空廠を偲ぶ会」の呼びかけに応えて、国思隊、誠心隊を中心とする同職場の関係者は各地から集まった。一同は隊員食堂で昼食の後庁舎玄関前で記念撮影を行った。在庁当時は到底足を踏み入れられなかった庁舎内部や、旧廠長室前などを恐る恐るもの珍しげに見学した。

その後係の案内で小型組立工場、発動機試運転場、大型組立工場、飛行機部庁舎と、かつては立入れない場所を見て廻り、各所で写真をとり合った。これらの建物は近く解体され昔日を語る面影は消える。資料館を最後に約二時間の廠内見学は終わり、全員霞ケ浦湖畔の懇談会場サンレイクへと向かった。

席に着いた一同は先ず戦没者に黙禱を捧げた。そして改めてお互い元気な再会を喜び合ったのである。そして冒頭柳田元隊長は挨拶に立った。

思えば一空廠生活は人生八十年時代を迎えてほんの一齣に過ぎませんが、得た教訓は正に「経験こそ人生の師」と喝破します。ただ結果として特攻機に依り多くの若い生命を失った事は慙愧の極みです。然し乍ら世俗色々批判する人もありますが、「純粋」な気持であった事を寧ろ誇りに思うと同時に、教育は両刃の剣と痛感します。

成人にも達しない人まで動員され一億一心、国家目的達成のため日夜精励する姿を今思い浮べて涙溢れる思いです。

君がため　尽すことなき　我なれど
　君が勲を　我は忘れじ

第一海軍航空廠を偲ぶ会に寄せて

今つどう　昔の同志　なつかしき
　心すこやか　すごし給えと

元国思隊々長
海軍技術中尉　柳田清一郎

山口元隊長は、あの頃人生二十五年といわれていたのに、アッという間に四十三年が過ぎた。航空隊のパイロットが工場に来て、特攻機を見るや〝頼もしい〟と言って、ニッコリした姿を今も忘れられない。今後は人間性を失わぬ様に生きてゆきたい、と感想を述べた。

若尾元技術少尉は再会の念願が叶ったと挨拶した。国思隊の庭で玉音放送を聴きくやし泪で泣いてから四十三年、思い出すのは土浦である。解散時に隊員に述べられなかった労いの言葉を今伝える事が出来て、やっと私の戦後が終わった気がする。そして日本で初めてのジェット機を、当時十五、六の女学生が部品から機体製造までやった事は、今でも胸を張って誇りに感じている。

小見山元技術学生は終戦後、一空廠で働いた事あの青春は一体何だったのだろう、とジレンマに陥った。そして二年程信州の山の中でジックリ考えた。今は唯々なつかしい、と語る。

絹川元技術学生は「縁を大切にしたい」、〝情熱を失った時に人間ははじめて老い、年を重ねただけで人は老いない〟との言葉を引用し、現在の心境を披瀝した。「己の欲せざる事を人に施す事勿れ」が信条である、とも語った。

元隊員からも様々の感想が述べられた。純粋に子供だった事、戦争は勝つとばかり思っていた事、只々働くだけであったあの当時の体験は、戦後の人生に役立っている。又隊長には皆憧憬《あこが》れていた。可哀想な位子供であった。生きていればいい事があるんだナ、と実感した事等々、歓談は続いた。

会場ホテルの五階から眺めると空は澄みわたり、霞ケ浦の岸辺に舫った釣船に打ち寄せる漣がヒタヒタと舟べりを洗う。川口から出航した観光船が白い航跡を残して湖心へ向かっている。初秋の陽光にキラキラ光る湖面では、三角帆のヨットが思い思いの方向に湖上を滑った。

その辺りは昔B29の編隊が投下した爆弾で、水柱が林立した処だったのだ。脳裡に深く焼きついた雲間の敵機爆音、相次ぐ爆弾の不気味な落下音と炸裂音に比べると、目のあたりの光景は静寂であった。遠くを走るモーターボートのエンヂン音がと切れと切れに伝わり、風に靡く薄の穂ずれの音さえ聞こえる様であった。

五階会食場でも一同の話ははずみ、思い思いのグループで写真を撮り合った。喜びも束の間再会の日にもやがて別れの時が来た。秋風ささやく湖畔に夕暮迫る頃、各人は手を振って夫々の家路についた。

八　桜と橘

元号改まった平成元年春の彼岸中日の午後、鎌倉建長寺の奥まった一隅で読経の後、ハーモニカの奏でる「海ゆかば」の調べが静かに流れた。

海ゆかば　　大伴　家持　作歌
　　　　　　信時　潔　作曲

桜花慰霊祭　鎌倉建長寺にて、平成元年３月21日
後姿、手前左側田中（柳田）氏　右若尾氏

海ゆかば
水漬くかばね
山行かば
草むすかばね
大君の
辺にこそ死なめ
かへりみはせじ

そこには特攻機「桜花」の碑が建ち、隊員、母機、援護戦闘機搭乗員を含め五百六十七柱が祀ってある。鎌倉水交会主催による桜花慰霊祭は、有志二十名が参列して海軍式に進められた。今回は橘花製造を担当した一空廠側からも、五名が列席した事が例年と異なっていた。会は更に正統院に席を移して桜花で散華した勇士をしのび、再びハーモニカは「巡検」をはじめ往時の生活を奏でた。

桜花と橘花は共に第一海軍航空廠の製品であった。

如何に狂風

作詞　佐野　児
作曲　田中穂積

一、如何に狂風吹きまくも　如何に怒濤は逆まくも
たとへ敵艦多くとも　何恐れんや義勇の士
大和魂充ち満つる　我等の眼中難事なし

二、維新このかた訓練の　技量試さむ時ぞ来ぬ
わが帝国の艦隊は　栄辱生死の波分けて
渤海湾内乗り入れて　撃ち滅ぼさむ敵の艦

艦船勤務

作詞　大和田健樹
作曲　瀬戸口藤吉

一、四面海なる帝国を
守る海軍軍人は
戦時平時の別ちなく
勇み励みて勉むべし

二、如何なる堅艦快艇も
人の力に依りてこそ
その精鋭を保ちつゝ
強敵風波に当り得れ

三、風吹き荒び波怒る
海を家なる兵《つわもの》の
職務は種々にかわれども
尽す誠は唯一つ

四、水漬く屍と潔よく
生命を君に捧げんの
心誰かは劣るべき
職務《つとめ》は重し身は軽《かろ》し

五、熱鉄身を灼《や》く夏の日も
風刃《ふうじん》身を切る冬の夜も
忠と勇との二《ふた》文字を
肝《きも》に銘《めい》じて勉むべし

あとがき

富士重工業㈱・平成２年カレンダーより

箱根・大観山から見た富士

伊豆から駿河湾越しに遠望する富士は、裾野の雄大さが素晴らしい。箱根・山のホテルから芦の湖と望む富士も捨て難い。富士吉田から仰ぐ時の大きさには圧倒される。偉大さ見事さ日本一の富士は、眺める場所と季節によりその趣を異にする。

日本が独力で生み出し初飛行に成功したジェット機「橘花」を、自ら関わった一空廠側から文字にしておきたい、この願望が今回筆をとる目的であった。

今日の繁栄と平和な時代の半世紀前、国民は戦争に明け暮れていた。その是非と批判は他に譲るとして、当時の歴史的事実を正確に書き留めておく事は必要である。戦時中の各種資料は軍事機密故に乏しく、更に敗戦は貴重な記録を失わしめた。加えて昨今世の中からは事物が加速度的に滅失しつつある。同時に戦中派の高齢化は進みその当事者が世を去れば、その体験記憶と所有する資料とは永久に消えて了う。

私は本書執筆の基本をオリジナリティ、客観性、具体性の三つに置いた。学術研究ではないが、考証と批評に耐え得る空白時代解明の史録を目指した。既刊類書の焼直しでは一文の値打もないからである。莫たる記憶の思い出集では更々ない。故に前々作『櫻水物語―戦中派の中學時代』の後書に記した「正しく伝える責任と真実を遺す努力」のモットーは今回も変わらない。

前章で、一空廠所在地であった『阿見町史』が橘花に触れてない事は既述した。とりあげてないのはそれはそれでよいとしても、次の記述には問題がある。

昭和二〇年の二月まで空の静けさを保つが、同年三月九日に、五八発の焼夷弾攻撃をうけることになった。これは、霞ケ浦沿岸の軍事施設を目標に投下されたものである。それ以降、しばしば阿見地域は、空襲をうけるが、四月には、Ｐ51艦載機二〇〇機により機銃掃射をうけ、第一海軍廠の第二整備工場四棟が全焼し、飛行機部と発動機部の見張り要員一三名が爆風で死亡、女子学徒動員の三名も死亡した。（同史第三章第三節「空襲と戦時下の生活」五三五頁七行〜一〇行）今、この内容を検討してみると、

阿見町史	検討
二月まで空の静けさを保つ	二月十六日、一空廠は艦載機による初空襲をうけた
三月九日に五八発の焼夷弾攻撃をうける	事実なし

四月にはP51艦載機二〇〇機により	P51は陸上機であって艦載機ではない
機銃掃射	二〇〇機来襲の事実なし
第一海軍廠	実在せず
	第一海軍航空廠を指すなら誤記
第二整備工場	実在せず
四棟が全焼	事実なし
見張り要員十三名爆風で死亡	四月にその事実なし、
	若しかしたら二月十六日の被害を誤認してるのではないか

予算を計上し公費公金を支出して編纂したであろう公刊史が、かかる誤記虚録を天下社会に流布広報するのは、歴史事実を汚染歪曲する〝情報公害〟の元兇になりかねない。

巷で販売している図書に「一空廠」と記すべき処が「一技廠」と書かれてるのがある。一箇所だけではないからミスプリントではなく、その著者の明らかなとり違いである。これら誤記の類を読む度に、一空廠最末席に連なった私としては愉快ではなかった。従って私の文章に於いても、若し同様の事があれば関係の方々は同じく不愉快と思われるに違いない。その場合は該当箇所と〝正しくはこうだ〟、とご指摘ご教示賜りたく存じます。事実の発掘と補訂作業に完了はあり得ないと考えています。
又、文中の姓名階級は原則として当時に拠り、記述及び資料書簡談話等の取捨解釈の責任は、一切著者私にある事を申し述べておきます。

東京の地理については、足で歩き当時の地図で確認し、誤りないことを期した。軍隊生活の経験者から見れば、自分たちの軍隊経験とちがっている点がずいぶんあるかもしれない。歩兵第一連隊第二大隊の寝台の色に至るまで、昭和の軍隊生活でなく明治四十年代の軍隊生活を復元する努力をした。（大江志乃夫著『凩の時』、一九八五年三月二十五日初版、筑摩書房発行、五一二頁）

陸士体験者が軍を描く際、これ程迄の慎重且つ入念な取組み方には全く敬服した。

……たゞここで注意しなければならないことがあります。それは人間の記憶というものが非常にあいまいだ、ということです。だから「証言者が三人以上」の場合にだけ事実としてみなすことができます。誰でも記憶違いということはあります。だから私は、三人が同一の記憶のときは採用し、二人だったらやめたのです。そのようにして戦史小説を書いたのです。（吉村昭記念講演「昭和・戦争・人間」、『茨城近代史研究』第五号所収、一九九〇年一月、茨城の近代を考える会発行、一〇頁）

『新スタンダード仏和辞典』（大修館発行）は、一九八九年三たび版を改め発行総数は百万部を超えた。その序で初版（一九五七年五月）の序文・鈴木信太郎氏の「辞典には永久に完成はない」との言葉を再び掲げ、更なる完成に向け努力を傾けるべく決意自戒している。

これらの姿勢と格調とは私の大いに範とするところであった。

今回の執筆も又海軍人脈や先輩にあたる方々、協力を惜しまなかった多くの関係者のお力添えとご好意の上に成立った。貴重な写真、生のデータ、アメリカからの原文等、素晴らしい資料が手に入った時は興奮で体が熱くなった。飛上がりたい程の感動を覚えたものである。

ワシントンの米国公文書館が所蔵する膨大な記録の中から、目的の資料を探し出す作業は、広大な畑の干草の山から一本の針を探し出す様なものだった、とは現地で蒐集に当たって呉れた方の感想である。

伊号第二九潜水艦の滞仏記録を求めて、フランスのロリアンへ手紙を書いた。地球の向こう側から一ヵ月も経たない中に、五五頁に及ぶコピーが届いた。送り主はロリアン海軍歴史関係部のルネ・エスティーヌ氏であった。伊号二九潜入港のブンカーの図面や資料は、こうした海を越えた親切によって掲載する事が出来た。

お世話になった方々のお名前を左に掲げて心から感謝の意を表します。（順不同、敬称は省略させて頂きます）

種子島千代子、橋本誠子、三木忠直、高岡　迪、角　信郎、羽鳥忠雄、曽根晃平、壹岐春記、松浦　誠、志賀淑雄、伊東祐満、東条重道、芹沢良夫、松本俊彦、大坂荘平、宮地哲夫、冨六合雄、小堀　猛、登坂三夫、飯坂正一、輸送機工業㈱、前川正男、菅原嘉男、森　糾明、藤原成一、宇都野弦、眞乗坊隆、大島直義、高梨三郎、光用千潮、山田熙明、山本健一、江川一郎、杉山文郎、岩崎俊雄、小林哲雄、大崎　保、北出俊彦、滝本猪八、榊原房雄、栗山　廣、広瀬秀雄、西岡　茂、井坂佳弘、永井洋光、石井　勉、勝田義友、小柳道男、川崎　實、秦野市史編纂室、日本たばこ産業㈱ＪＴ秦野開発本部、防衛研究所図書館、三沢市立図書館、石岡市立図書館、陸上自衛隊木更津駐屯地広報班、同霞ケ浦駐屯地広報班、堀越恒二、鶴田重郎、古内緑、土浦一高、土浦二高、塚原光、堤　光男、石井次男、宮本次男、登坂三夫、阿久津幸吉、鈴木三郎、下条工務店、一空廠を偲ぶ会（田中（柳田）清一郎、川西（山口）耕八、若尾憲夫、絹川洽太、小見山綱雄、故土屋照夫、松田正男、梅沢清士、富田　東、大久保寿、富田昌子、早坂チエ、吉家昌子、加藤彰子、菊地良子、大森禎子、飯島光子、小野秀子、稲葉英子、岩淵みつ、三輪ヨシ、廣瀬和香、前田静子、小泉幸子、酒井千津子、鈴木ゆり子、川口ナヲ、塚原キヌ子、永島芳江、勝田みち、中川愛子、荻谷美恵子、岡野礼子、榎田きよ子、大谷照子、安田美代子、市村光子、会田琢子、木村里子、南雲信子、所　立子、鈴木よしえ、大久保写真館その他会社、団体、学校、報道関係、個人、同窓級友等多くのご協力と国立国会図書館、筑波

大学中央図書館閲覧の便宜にあずかり、上梓の運びとなった。

尚、欧文資料の訳出にあたっては、本郷で応用力学を専攻中の次男の援けをかりた。

ここで取材余談を一つ。我が家の古い書付入箱に一枚の古地図があった。大判（110×90センチ程）の和紙は折りたたんだ角が破れてたが、「上州徳川郷川除御普請願ケ所繪圖」の表題と、府中仲町屋日與兵衛の署名は明瞭であった。地図には世良田村、出塚村、平塚村の地名が記され、徳川郷は黄色、宮社並道筋は赤色、堤は縁、そして利根川は紺色で彩色を施してある。

昭和六十三年夏、私は橘花生産の足跡を求めて冨六合雄氏を訪ねた。氏に地図を見て貰った処、図面は正しくその世良田村（現尾島町）であった。与力を務めたと伝承される私の祖先は、その昔治水事業の為常州府中から、上州世良田へ出向いていたのかも知れない。

上州小泉の地には又別の運命的出会いもあった事が判った。

昭和五二年、沖縄の第83整備群司令を最後に退官した私は、「ジェット機と共に過ごした生涯」と思っています。

思いをめぐらすと、五十年前に敗戦の日まで学徒動員で中島飛行機の小泉工場で、海軍の「橘花」という飛行機の試作に関わっていました。その飛行機こそ、日本で最初のジェット機であったのです。そのことが私の内心の誇りであると共に、その後の人生でジェット戦闘機の整備の仕事につき、定年で辞めるまで天職と心得て努力した原因でもあります。（『短命に終わ

った早大航空機科の記録』所収五二頁、〝橘花〟と運命的な出会い・石川育郎氏）

又、青木隆和氏は中島飛行機の動員は二ヵ月半と短かったが、ジェット機「橘花」の設計の一端に参加したのが何よりの喜びだった、（同書二四頁）とも書いている。

ところで、土浦は隣接する阿見原に臨時海軍航空術講習部が開設（大正十年）されて以来、英国航空術使節団（団長・センピル大佐）の来朝、ドイツ大飛行船グラーフ・ツェッペリン伯号の飛来（昭和四年）、リンドバーグ夫妻機訪日（昭和六年）、と国際的航空史に深く関わって来た。

土浦小唄

銀の飛行機雲間におどる
どれが主やらエー気がもめる

謹みて皇紀二千六百年
興亜の新春を壽ぎ奉る
昭和十五年元旦
日産自動車販賣株式會社上海營業所
漢口出張所
漢口江漢路223
昭和15年　海軍機のエース零戦、土浦市もこの年誕生した

ホンニ土浦ヤンレ土浦水の郷

『亀城会報』第二号（昭和六年五月十日発行）

以来、我が海軍航空発達の足跡を抜きにして土浦発展の歴史は語れない。昭和十五年市制施行後制定の、飛行機を形どった市章をはじめ、多くの事実が〝翼の町〟を証明している。

映画「決戦の大空へ」では全国にその名を轟かせ、予科練の町としての印象は強烈である。文部省は映画法の規定により「決戦の大空へ」を、昭和十八年度大臣賞映画に選奨する事を決定し、同時に賞金二五〇〇円を交付した。九月十六日封切られたこの映画は、実に六十九万二千四百九十六人の入場者を記録したのであった。（『日本映画』、昭和十九年四月一日号、大日本映画協会発行）

決戦の大空へ

作詞　西条　八十
作曲　古関　裕而

一　決戦の空　血潮に染めて
払えど屠れど　数増す敵機
いざ行け若鷲　翼をつらね
奮うはいまぞ　土浦魂

二　密雲くぐり　海原見れば
白波蹴立つる　敵大艦隊
いざ射て逃すな　必中魚雷
とどろく轟音　揚るよ火柱

三　敵鷲来る　皇土を目ざし
憎さも憎き　かの星条旗
いざ衝け　肉弾　火を吐け　機銃
墜ちゆく敵機は　嵐の落葉か

四　想ひでたのし　白帆の故郷
鍛えしこの技　攻撃精神
風切る翼の　日本刀に
刃向う敵なし　土浦魂

そして一空廠には開庁（昭和十六年）から廃庁（二十年）迄の僅か五年間に、天下の俊英たちの多くがその土を踏んだ。こうした「土浦魂」の風土に、救国の切札機「橘花」が生産されたのも決して偶然ではあるまい。

そしてこの英才達は日本の復興と発展に各界で寄与貢献していった。又、現在の土浦市役所敷地（水交社跡）、学校用地（一空廠、工員住宅、砲台跡等）ほか、地域振興に役立った海軍遺産と恩恵は貴重且つ膨大であった。

さて、呉市には広大な用地に入船山記念館（元呉鎮守府司令長官々舎）が、旧海軍の歴史を伝える殿堂として整備充実し、横須賀市では三笠園が市民憩いの場となっている。同市には海軍々人から「パイン」の名で親しまれた料亭小松があるが、土浦で同じく「ＫＧ」と呼ばれた割烹霞月楼は創業百年を超えた。『霞月楼百年』（昭和六十三年四月五日発行）

交遊抄

赤門知らぬ東大生

山田　熙明

荒涼とした草原の中で、下駄ばきに上衣なしという異様ないでたちで寮から通学していたあのころを、今も懐い出す。

私たちは新設の東大第二工学部の第一期生として、本郷や赤門を知らぬまま昭和十九年九月航空機体学科を卒業した。第二、第一両工学部への割り振りは厳正公平に行われたと聞くが、東京を離れ西千葉の片田舎に行った時はやはりがっかりしたものである。しかし静かな環境と谷一郎教授はじめ新進気鋭の先生方に恵まれたのは幸運であり、私塾もかくやと思われる熱の入った講義を受けたのが、強く印象に残っている。不便な土地柄、寮に入る者が多く野性に富み旧制高校さながらの大学生活を送ったためか、私たちの心のつながりは強いようだ。

会社に入ってから長く単車事業に取り組んだので、同窓生と会うことも少なかったが、昨今は航空機の仕事にも携わっているため、昔の連中と話し合う機会が増えたことがうれしい。中でも同じ神戸出身の岡田顕介君（川崎重工業常務）とは同じ会社で苦楽を共にしてきたし、石本進君（新明和工業常務）とは中学、高校、川西、海軍短現まで一緒の珍しい関係で、今もしばしば会合を重ねている。先日も二人共インドネシアに招かれ南十字星の下で痛飲したものである。

故森大吉郎（宇宙研所長）、平沢秀雄（日本航空常務）、佐々木逸雄（三菱重工業常務）の諸君とは、ともに駒場の寮で高校生活を送った間柄で、仕事の方もさることながら何でも気軽に話し合って来た。殊に森君とは共に卒論を書いたのみか、第一海軍航空廠にも一緒に勤務した。彼は我が国のロケット打ち上げの先駆者として名声をはせたが、不幸昨年十一月不帰の客となったのは痛恨のきわみである。

終戦後商社に転じた近藤健男（三菱商事常務）、服部正（元三井物産取締役）の両君は、いろいろと世界の話題にくわしい。近藤君は川西入社早々美人の細君と結婚し、私たちを羨望（せんぼう）させたものである。このほかにも福田正（日産車体専務）、坪井俊男（富士重工業常務）、内藤晃（日大講師）の諸君ら多士済々であるが、ただ一人出版界にあって同窓会のまとめ役を果たす渡辺邦彦君（培風館取締役）は誠にありがたい存在である。

同系の航空原動機学科にも井沢（全日空専務）、久米（日産副社長）、山田（ダイキン社長）、松本（東洋紡績社長）、須田（日本電装専務）等々の諸君がいる。両学科とも主に航空関係の人々について述べたが、第二工学部出身も含めて、さらに多数の人々がおり、これらの連中と気やすく相談しあえるのは、何にも代え難いことであろう。猛者（もさ）連もいつしか還暦を過ぎ卒業四十周年も今秋になったが、ともに第一線で仕事が出来るのをしみじみありがたいと思う昨今である。

（川崎重工業副社長）

「日本経済新聞」昭和59年1月17日

同楼には山本五十六元帥や海鷲たちゆかりの品々が大切に保存展示され、海軍のよすがを見事に伝えている。そこでは崇高な海軍精神とネイビーの素顔に触れるばかりか、前述のセンピルやツェッペリン等の資料により、我が国航空発達の足跡を辿る事が出来る。

「橘花」の故郷土浦市は、市制の翌十六年に大東亜戦争開戦、同二十年は空襲と敗戦そして米軍進駐と相次いだ。未曾有の経験出来事は市制半世紀の歴史中、その当初の五年間に集中した。これらについても二十一世紀へ正しく継承伝達すべき事は多い。

山田熙明氏
日本飛行機代表取締役会長時代
（日本飛行機六十年史より）

（引用、参照主要文献）

タイトル又は書名、著編者、発行年月、記事等の順。本文中に註記分は省略、元号のみは昭和。

※は防衛庁防衛研究所図書館所蔵

「潜水艦隊」井浦祥二郎著　二八、一、五　日本出版協同

「深海の使者」吉村　昭著　四八、四、一　文藝春秋社

「伊号第八潜水艦史」伊八艦史刊行会　五四、五、二一　同史刊行会

「Uボート・コマンダー潜水艦戦を生きぬいた男」井坂　清訳　六三、九、一五　早川書房

「Uボート」西独映画、監督　ヴォルフガング・ペーターゼン

「日本興業銀行五十年史」三二、九、三〇

「海軍航空回想録」桑原虎雄著　三九、八、一五　航空新聞社

「中島飛行機の研究」高橋泰隆著　一九八八、五、一五　日本経済評論社

「週刊東洋経済新報」中島飛行機の全貌　二二〇〇号　二〇、一二、二一発行

「中島飛行機物語」前川正男著

「第2次大戦末期の中島飛行機」麻生昭一（専修大学経営研究所報第六五〇号所収）六〇、一〇

「飛翔の詩」宇都宮中島会編　平成元、一〇、一

〝橘花〟試作に関する資料

※「中島飛行機覚書」二八、九、一　富士重工業株式会社

世界の航空『ジェット機〝橘花物語〟』巖谷英一　二六、一二

航空情報「秘史〝橘花〟」入江俊哉著　二八、一月号

〃　「〝橘花〟の試験飛行」高岡　迪　二四、一月号

航空ファン「回想・特殊攻撃機橘花」大坂荘平　五一、九、一　文林堂

「ジェットエンジンに取り憑かれた男」前間孝則著　一九八九、七、二〇　講談社
「海軍戦闘機隊史」零戦搭乗員会編　一九八七、一、三〇　原書房
「アメリカ海軍機動部隊」英和対訳対日戦闘報告／一九四五　石井　勉　六三、二、二八
「和歌山県の空襲・非都市への爆撃」中村隆郎　一九八九、九、一一、東方出版
「航空技術の全貌」上　岡村　純他　五一、四、一五　原書房
〃　下　〃　五一、二、二五　原書房
「機密兵器の全貌」　千藤三千造他　五一、六、二五　〃
※「秘海軍公報」甲
※「秘海軍辞令公報」甲
※「海軍航空本部報」
※「横須賀鎮守府報」
※「海軍航空技術廠報」一六、三、一二～一九、六、二九
※「第一海軍航空廠報」一八、四、七～一八、一二、一三
※「第二十一海軍航空廠報」一六、一〇、一～一七、四、二三
※「日本海軍航空関係工作庁沿革」
「内令提要・巻二」海軍大臣官房　一一、四、一
「海軍制度沿革」海軍省
※「筑波海軍航空隊戦闘詳報（第三号）」自昭和二十年二月十六日至昭和二十年二月十七日
敵機動部隊飛行機邀撃戦　筑波海軍航空隊
※「谷空戦闘詳報・第一次艦載機邀撃戦」自昭和二十年二月十五日至昭和二十年二月十八日
谷田部海軍航空隊

※「横須賀海軍警備隊戦闘詳報　第一号」自昭和二十年二月十六日至昭和二十年二月十七日
※「木更津砲台戦闘詳報　第九号」昭和二十年七月十日　木更津基地
※「茂原砲台戦闘詳報　第四号」昭和二十年七月十日　対空戦　茂原基地
※「筑波空飛行機隊行動調書」(二〇、二〜二〇、四) 筑空
※「谷田部空飛行機隊行動調書」(二〇、二〜二〇、五) 谷空
※「六〇一空飛行機隊行動調書」
※「六〇一航空隊戦闘詳報」
※「引渡目録」(各庁)
「東京大学五十年史下冊」東京帝大　七、一一、二五
「東京大学第二工学部史」東京大学生産技術研究所　四三、一一、一六
「東京大学第二工学部」今岡和彦　一九八七、三、二七　講談社
「想い出の秦野工場」日本たばこ産業秦野工場　六三、三、一五
「十年の歩み」公社十年史編集室　三四、六、一
「秦野たばこ作地帯に於ける経営調査」関東東山農業試験場農業経営部　三六、三
「昭和財政史―財政機関」大蔵省昭和財政史編集室　三一、三、二〇
「神奈川県史資料篇近現代(9)」神奈川県々民部県史編集室　五三、三、三〇
「岩手県史第10巻近代篇」岩手県著　四〇、八、二〇　杜陵印刷
「太田市史資料篇」太田市史編集室　六二、三、三一
「桐生市史(下)」桐生市史編纂委員会　三六、一二、二五
「石川島重工業株式会社一〇八年史」三六、二、一
「しんらい運動ニュース」ＩＨＩ社内誌

引用、参照主要文献

「向井建設七十年のあゆみ」同編纂委員会　五三、八、一
「鴻池組社史」同編纂室　六一、一二、二〇
「藤田組の五十年」三五、四、一
「米国戦争経済力の基礎研究・増訂版」㈶三菱経済研究所　一九、七、二五
「海軍施設系技術官の記録」同刊行委　四七、五、二七
「五十年史　鉄道技術研究所」同五十年史刊行委　三二、三、三一
「青島日記―海軍技術見習尉官の一〇六日」山田孝治　五七、八、一
「第三十四期前後期海軍技術科士官はまな会名簿」六一、五
「軍歌と戦時歌謡大全集」八巻明彦・福田俊二　四七、八、一
「海軍空中勤務者〔士官〕名簿」海空会　三四、九、一五
「櫻水物語―戦中派の中学時代」屋口正一　六二、五、二七
「続・櫻水物語――終戦直後の中学生活」屋口正一　六二、一〇、二〇
「日立製作所七十年史」
「中島飛行機研究報告」各号
「戸田建設百年史」同社
「その前夜」頼惇吾　四七、三、一五
「銀翼遥か――中島飛行機五十年目の証言」太田市企画部広報広聴課、平成七、一〇、二〇
「ドイツのロケット彗星」ヴォルガング・シュペーテ、一九九三、一一
「中島飛行機エンジン史」中川良一・水谷総太郎
「中島飛行機物語――ある航空技師の記録」前川正夫　一九九六、四、二〇
「ガス・タービン」棚沢泰　二九、七、一五

「ガスタービンの研究」永野治　発行日不明
「大泉町史」
「橘花はかなくあれど」白根雄三、四六、二、二〇
「技術科第三十三期会名簿」平成五、九、三〇
「第32期海軍技術士官名簿」平成四、八、二五調

引用、参照主要文献

Combat Aircraft of World War II

Salamander Books Ltd 1978

The Army Air Forces in World War II

The University of Chicago press 1966

United States Army in World War II

Office of the brief of military History
United States of Army
Washington, D. C. 1972

After the Battle U-Boat Bases

by Jean Paul Pallud

Air Combat vol. 3, No. 5

The life and death of the Orange Blossom
By Bernard Millot

Natural Archives Microfilms

The National Archives
National Archives and Records Service
General Services Administration
Washington 1980

SAIPAN. THEN AND NOW

By Glenn E. Me Clure 1986

Monogram clese-up 19. KIKKA

German Fighters of World War

By Boyan Philpott 1977

Rocket Fighters the Story of the Messershumitt Me163

By Mano Ziegler 1973

United Submarine Operations In World Wan II

By Theodore Rascol

附　NHKドキュメント

三、NHKドキュメント

Uボート234号最後の航海

NHKよりの資料提供の礼状

屋口　正一　様

拝啓

日頃、私どもNHKの放送事業にご理解とご協力を頂きありがとうございます。

今回は、私どもの番組に貴重な資料を提供して頂きありがとうございました。番組は、無事完成し、5月6日（水）夜１０時に放送することが決まりました。

番組のタイトルは、プライム１０「現代史スクープドキュメント　Uボート２３４号最後の航海」です。ドイツの敗戦直後、アメリカに投降したU２３４号に関する記録が、アメリカの国立公文書館に保管されています。今回の番組はこの資料を元に、U２３４号の極秘任務を検証するものです。すでにご存じのことと思いますが、U２３４号には、メッサーシュミット２６２の技術情報とその部品が積み込まれていました。

番組の中では、このMe２６２に関することと、この技術情報を参考に日本が開発した「橘花」に関して、ほんの僅かですが紹介させて頂いています。

屋口さんからお借りした写真は、私どもが映像を構成するうえで、大変助かりました。なお番組の最後のクレジットで、資料協力の項目の中に、屋口さんのお名前を入れさせて頂きました。

お借りした写真資料は、この手紙に同封させて頂きました。

本当に、ありがとうございました。これからも私どもの番組制作にご理解とご協力をお願いいたします。

敬具

１９９２年4月２７日

日本放送協会番組制作局
文化番組プロダクション
箕輪　貴

TEL　5478－2985
FAX　5478－2969

謹啓　若葉の季節となって参りましたが、お健かにお過しの事とお慶び申上げます。

去る平成二年「橘花は翔んだ」出版の際は、多大のご協力ご支援を賜りまして誠に有難うございました。

さて、大戦末期の昭和二十年、ドイツのUボート234号が、多くの極秘資料と技術者を載せて日本へ向った事は、お読み頂きました通りです。NHKはこの潜水艦の航跡を追ふ番組を企画、目下完成を急いでをります。

スタッフはアメリカ、ドイツと各地へ飛び取材致しました。その関連で「橘花は翔んだ」がたまたま目にとまり、拙文の中から写真も引用されます。番組放映ラストの資料提供者の一員に、小生の名前も〇・何秒かテロップに出る予定であります。作品をご覧頂ければ幸甚に存じます。

末筆ながら一層のご健勝をお祈り申上げます。日頃のご無音をお詫び旁々、右ご案内申上げます。

敬具

平成四年四月

屋口正一

記

放送期日　平成四年五月六日(水)午後一〇・〇〇～一〇・四五
チャンネル　NHKテレビ第一　プライム10
タイトル　「Uボート234号最後の航海」

放映決定に際して視聴案内状

屋口　正一　様

拝啓

今回の番組ではお世話になりました。おかげ様で、「Uボート２３４号、最後の航海」は大変好評です。視聴率は１０．２％ですが、こうした現代史をテーマにした番組のなかでは、かなり高い方です。

同封させていただいたのは、今回の番組の台本です。たいしたものではありませんが、番組の記念に送らせていただきます。

今後も、私どもの番組制作に対してご協力とご理解をお願いいたします。

敬具

１９９２年5月１２日

ＮＨＫ文化番組プロダクション
箕輪　貴
ＴＥＬ　０３－５４７８－３３３９

ＮＨＫよりの放映報告の礼状

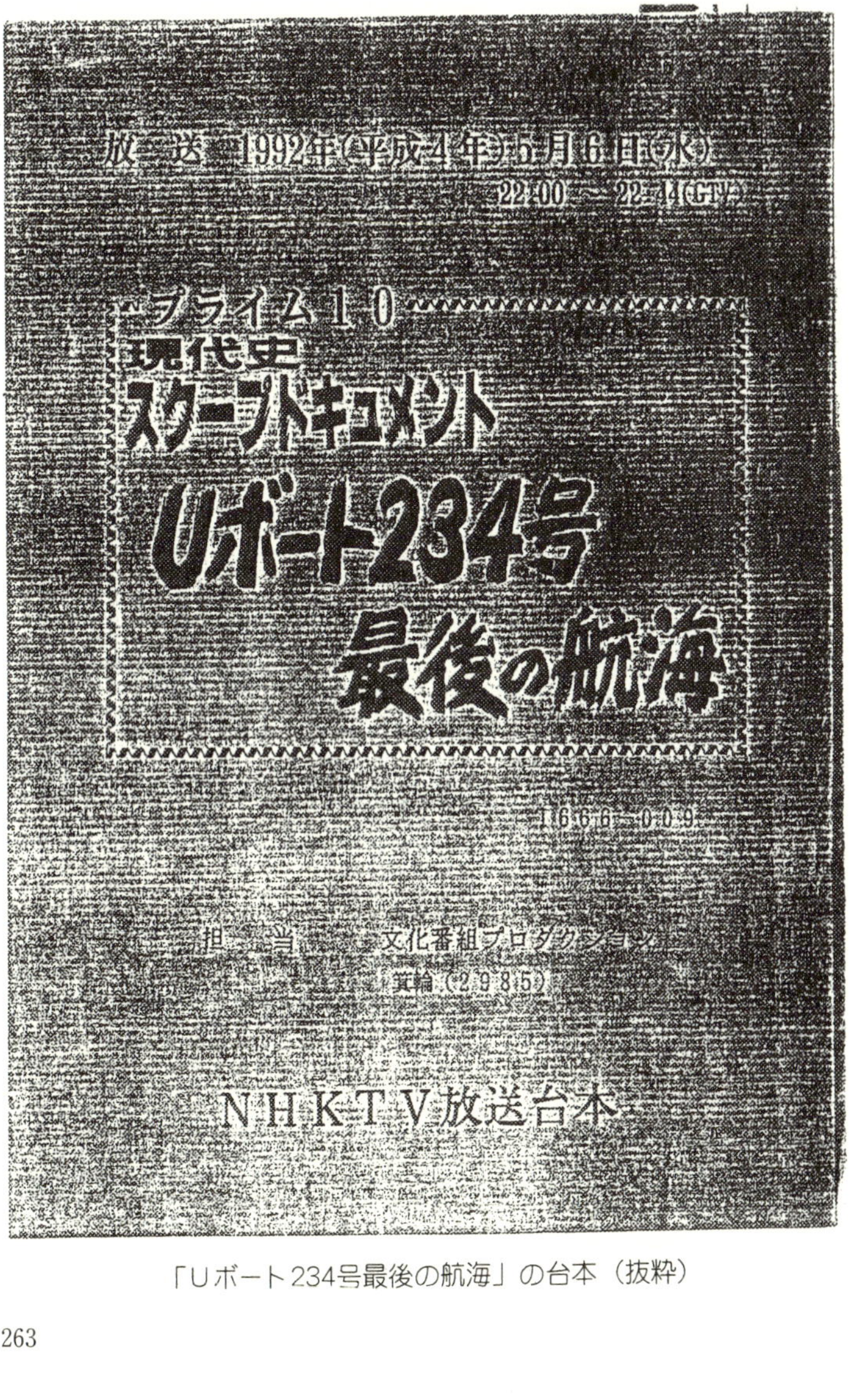
放　送　1992年(平成4年)5月6日(水)
22:00 ～ 22:44(GT)

プライム10
現代史
スクープドキュメント
Uボート234号
最後の航海

1666－009

担　当　文化番組プロダクション
箕輪（2985）

NHKTV放送台本

「Uボート234号最後の航海」の台本（抜粋）

資料協力

アメリカ国立公文書館
アメリカ海軍歴史センター
アメリカ国立航空宇宙博物館
アメリカ海軍ポーツマス基地
シャークハンターズインターナショナル
ドイツ連邦キール海軍基地
ドイツ連邦公文書館
ドイツUボート博物館
仁科記念財団
防衛庁戦史部
石川島播磨重工業エンジン資料館
大木　毅
屋口正一
富永孝子

声の出演	81プロデュース
語り	広瀬修子
撮影	高野英二
技術	芹沢瑛紀　山田憲義
編集	北森朋樹
音響効果	佐々木隆夫
構成	箕輪貴
制作	井上隆史

－B－

。橘花（スチール2枚）

18"

T－W

ジェット戦闘機「橘花」

57"

。永野治

Q

このエンジンを搭載した、日本初のジェット戦闘機「橘花」の開発が行われていたのです。メッサーシュミット262の技術情報は、この「橘花」に活かされることになっていました。

Q

これはねえ、これでもって敵を撲滅するとか、そう言うんじゃなくて、日本に上陸してくる舟艇部隊をこれで最後の抵抗を試みると、そういう発想の元に生まれたのが、このエンジンであってね、勇ましい話しじゃなんいんですよ。断片的な資料は、来ておりましたがね、まとまった資料は昭和十九年の春まあ、春と言っても、あの頃は潜水艦で持ってきますからね、資料を持って来るのに四月の半ばに出

。スタッフ

資料提供	アメリカ国立公文書館 アメリカ海軍歴史センター アメリカ国立航空宇宙博物館 アメリカ海軍ポーツマス基地 シャークハンダーズ　インターナショナル ドイツ連邦キール海軍基地 ドイツ連邦公文書館 ドイツUボート博物館 仁科記念財団 防衛庁戦史部 石川島播磨重工業エンジン資料館 大木　毅　　屋口　正一 富永　孝子
声の出演	81プロデュース
語り	広瀬修子
撮影	高野英二
技術	芦沢瑛紀 山田憲義
編集	北森朋樹
音響効果	佐々木隆夫
構成	箕輪貴
制作	井上隆史

T－W

プライム10
現代史
スクープドキュメント

終
制作・著作

NHK

。タイトル

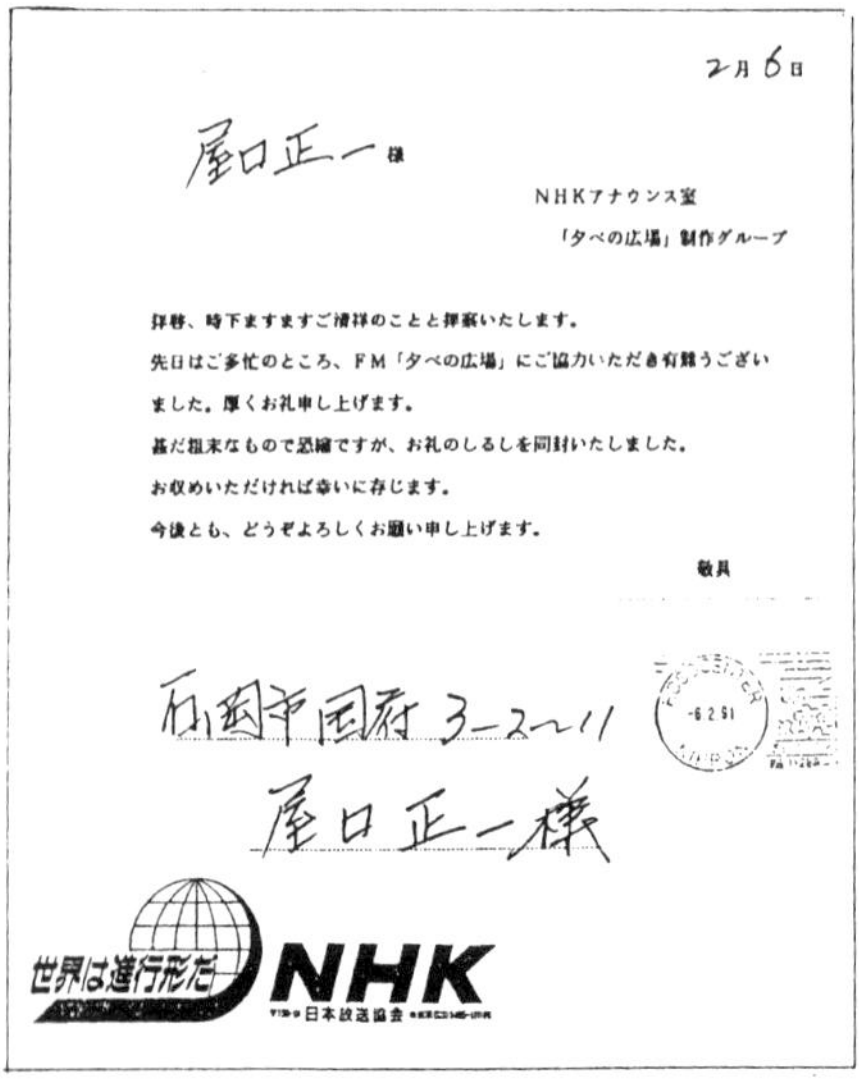
2月6日

屋口正一様

NHKアナウンス室
「夕べの広場」制作グループ

拝啓、時下ますますご清祥のことと拝察いたします。

先日はご多忙のところ、FM「夕べの広場」にご協力いただき有難うございました。厚くお礼申し上げます。

甚だ粗末なもので恐縮ですが、お礼のしるしを同封いたしました。

お収めいただければ幸いに存じます。

今後とも、どうぞよろしくお願い申し上げます。

敬具

石岡市国府 3－2－11
屋口正一様

世界は進行形だ NHK
日本放送協会

平成3年1月28日午後6時よりNHK FM放送番組「夕べの広場」に出演した。橘花生産にまつはる苦労話を、東京のアナが生インタビューし、その質問に答へる形で対談した。

左はNHKからの礼状

橘花は翔んだ
——国産初のジェット機生産——

二〇〇五年八月七日　増補改訂版第一刷

著　者　屋口正一
発行人　浜　正史
発行所　株式会社元就出版社
〒171-0022　東京都豊島区南池袋四—二〇—九
サンロードビル2F・B
電話　〇三—三九八六—七七三六
FAX〇三—三九八七—二五八〇
振替〇〇一二〇—三—三一〇七八

印　刷　中央精版印刷株式会社
製　本　中央精版印刷株式会社

ISBN4-86106-027-3 C0021